U0192958

ATLAS OF WILDLIFE IN SOUTHWEST CHINA

中国西南野生动物图谱

哺乳动物卷 MAMMAL

朱建国 总主编 马晓锋 主编

北京出版集团公司
北 京 出 版 社

图书在版编目（CIP）数据

中国西南野生动物图谱. 哺乳动物卷 / 朱建国总主编；马晓锋主编. — 北京：北京出版社，2020. 3
ISBN 978-7-200-14450-5

Ⅰ. ①中… Ⅱ. ①朱… ②马… Ⅲ. ①野生动物—哺乳动物纲 — 西南地区 — 图谱 Ⅳ. ①Q958. 527-64

中国版本图书馆 CIP 数据核字（2018）第 236095 号

中国西南野生动物图谱　哺乳动物卷

ZHONGGUO XINAN YESHENG DONGWU TUPU　BURU DONGWU JUAN

朱建国　总主编

马晓锋　主　编

*

北京出版集团公司
北京出版社　出版

（北京北三环中路 6 号）

邮政编码：100120

网　址：www.bph.com.cn

北京出版集团公司总发行

新华书店经销

北京华联印刷有限公司印刷

*

889 毫米 ×1194 毫米　16 开本　27.75 印张　500 千字

2020 年 3 月第 1 版　2020 年 3 月第 1 次印刷

ISBN 978-7-200-14450-5

定价：498.00 元

中国西南野生动物图谱

主　　任　季维智（中国科学院院士）
副 主 任　李清霞（北京出版集团有限责任公司）
　　　　　朱建国（中国科学院昆明动物研究所）

编　　委　马晓锋（中国科学院昆明动物研究所）
　　　　　饶定齐（中国科学院昆明动物研究所）
　　　　　买国庆（中国科学院动物研究所）
　　　　　张明霞（中国科学院西双版纳热带植物园）
　　　　　刘　可（北京出版集团有限责任公司）

总 主 编　朱建国
副总主编　马晓锋　饶定齐　买国庆

中国西南野生动物图谱　哺乳动物卷

主　　编　马晓锋
副 主 编　朱建国
编　　委　（按姓名拼音顺序排列）
　　　　　辉　洪　李维薇　彭建生　王　斌　肖　林　张　炜

摄　　影　（按姓名拼音顺序排列）

陈桂琛　陈锦辉　丁文东　董绍华　辉　洪　李家鸿
李　澍　刘业勇　罗爱东　马　驰　马晓锋　马晓辉
莫明忠　彭建生　汤练宗　王　斌　王应祥　向左甫
肖　林　肖　文　张明霞　张　炜　赵　超　朱建国
左凌仁

主编简介

朱建国，副研究员、硕士生导师。主要从事保护生物学、生态学和生物多样性信息学研究。将动物及相关调查数据与遥感卫星数据等相结合，开展濒危物种保护与对策研究。围绕中国生物多样性保护热点区域、天然林保护工程、退耕还林工程和自然保护区等方面，开展变化驱动力、保护成效、优先保护或优先恢复区域的对策分析等研究。在 *Conservation Biology*、*Biological Conservation* 等杂志上发表研究论文 40 余篇，是《中国云南野生动物》《中国云南野生鸟类》等 6 部专著的副主编或编委。建立中国动物多样性网上共享主题数据库 20 多个。主编中国数字科技馆中的“数字动物馆”“湿地——地球之肾馆”以及中国科普博览中的“动物馆”等。

马晓锋，工程师。长期从事动物多样性科普研究与教育工作，有 30 多年的野生动物影像拍摄和科普创作经验；专长于中国陆生脊椎动物分类及其生物学和生态学习性等研究。主编《中国兽类踪迹指南》《谜一样的动物——蛇》《黑色精灵——怒江金丝猴》；参编《中国云南野生动物》《中国云南野生鸟类》《中国灵长类生物地理与自然保护——过去、现在与未来》《有毒生物》《繁盛的家族——昆虫》等学术和科普著作。参编中国数字科技馆中的“数字动物馆”“湿地——地球之肾馆”以及中国科普博览中的“动物馆”“云南湿地 · 珍禽”。主创“蛇年话蛇”“人类的近亲——灵长类”“鹤舞高原”“云南野鸟”等大型科普主题展。

序

中国大西南地区泛指西藏、四川、云南、重庆、贵州和广西6省(直辖市、自治区),面积约260万 km^2,约占我国陆地面积的27.1%;人口约2.5亿,约为我国人口总数的18%。在这仅占全球陆地面积不到1.7%的区域内,分布有北热带、南亚热带、中亚热带、北亚热带、高原温带、高原亚寒带等气候类型。从世界最高峰到北部湾海岸线,其间分布有全世界最丰富的山地、高原、峡谷、丘陵、盆地、平原、喀斯特、洞穴等各种复杂的自然地形和地貌,以及大小不等的江河、湖泊、湿地等自然水域类型。区域内分布有青藏高原和云贵高原,包括喜马拉雅山脉、藏北高原、藏南谷地、横断山脉、四川盆地、两广丘陵、云南南部谷地和山地丘陵等特殊地貌;有怒江、澜沧江、长江、珠江四大水系以及沿海诸河、地下河水系,还有成百上千的湖泊、水库及湿地。此区域横跨东洋界和古北界两大生物地理分布区,有我国39个世界地质公园中的7个,34个世界生物圈保护区中的11个,13个世界自然遗产地中的8个,57个国际重要湿地中的11个,474个国家级自然保护区中的102个位于此区域。如此复杂多样和独特的气候、地形地貌和水域湿地等,造就了西南地区拥有从热带到亚寒带的多种生态系统类型和丰富的栖息地类型,产生了全球最为丰富和独特的生物多样性。此区域拥有的陆生脊椎动物物种数占我国物种总数的73%,更有众多特有种仅分布于此。这里还是我国文化多样性最丰富的地区,在我国56个民族中,有36个为此区域的世居民族，不同民族的传统文化和习俗对自然、环境和物种资源的利用都有不同的理念、态度和方式，对自然保护有着深远的影响。这里也是我国社会和经济发展较为落后的区域，在 1994 年国家认定的全国 22 个省 592 个国家级贫困县中，有 274 个（占 46%）在此区域。同时，这里还是发展最为迅速的区域，在 2013—2018 年这 6 年间，我国大陆 31 个省（直辖市、自治区）的 GDP 增速排名前三的省（直辖市、自治区）基本都出自西南地区。这里一方面拥有丰富、多样而独特的资源本底，另一方面正经历着历史上最快的变化，加上气候变化、外来物种影响等，这一区域的生命支持系统正在遭受前所未有的压力和破坏，同时也受到了国内外的高度关注，在全球 36 个生物多样性保护热点地区中，我国被列入其中的有 3 个地区——印缅地区、中国西南山地和喜马拉雅，它们在我国的范围全部位于此区域。

由于独特而显著的区域地质和地理学特征，我国西南地区拥有丰富的动物物种和大量的特有属种，备受全球生物学家、地学家以及社会公众的关注。但因地形地貌复杂、山高林密、交通闭塞、野生动物调查难度大，对此区域野生动物种类、种群、分布和生态等认识依然有差距。近一个世纪以来，特别是在新中国成立后，我国科研工作者为查清动物本底资源，长年累月跋山涉水、栉风沐雨、风餐露宿、不惜血汗，有的甚至献出了宝贵的生命。通过长期系统的调查和研究工作，收集整理了大量的第一手资料，以科学严谨的态度，逐步揭示了我国西南地区动物的基本面貌和演化形成过程。随着科学的不断发展和技术的持续进步，生命科学领域对新理论、新方法、新技术和新手段的探索也从未停止过，人类正从不同层次和不同角度全方位地揭示生命的奥秘，一些传统的基础学科如分类学、生态学的研究方法和手段也在不断进步和发展中。如分子系统学的迅速发展和广泛应用，极大地推动了系统分类学的研究，不断揭示和澄清了生物类群之间的亲缘关系和演化过程。利用红外相机阵列、自动音频记录仪、卫星跟踪器等采集更多的地面和空间数据，通过高通量条形码技术对动物、环境等混合 DNA 样本进行分子生态学分析，应用遥感和地理信息系统空间分析、物种分布模型、专家模型、种群遗传分析、景观分析等技术，解析物种或种群景观特征、栖息地变化、人类活动变化、气候变化等因素对物种特别是珍稀濒危物种的分布格局、生境需求与生态阈值、生存与繁衍、种群动态、行为适应模式和遗传多样性的影响，对物种及其生境进行长期有效的监测、管理和保护。

生命科学以其特有的丰富多彩而成为大众及媒体关注的热点之一，强烈地吸引着社会公众。动物学家和自然摄影师忍受常人难以想象的艰辛，带着对自然的敬畏，拍摄记录了野生动物及其栖息地现状的珍贵影像资料，用影像语言展示生态魅力、生态故事和生态文明建设成果，成为人们了解、认识多姿多彩的野生动物及其栖息地，了解美丽中国丰富多彩的生物多样性的重要途径。本书集中反映了我国几代动物学家对我国西南地区动物物种多样性研究的成果，在分类系统和物种分类方面采纳或采用了国内外的最新研究成果，以图文并茂的方式，系统描绘和展示了我国西南地区约 2000 种野生动物在自然状态下的真实色彩、生存环境和行为状态，其中很多画面是常人很难亲眼看到的，有许多物种，尤其是本书发表的 10 余个新种是第一次以彩色照片的形式向世人展露其神秘的真容；由于环境的改变和人为破坏，少数照片因物种趋于濒危或灭绝而愈显珍贵，可能已成为某些物种的“遗照”或孤版。本书兼具科研参考价值和科普价值，对于传播科学知识、提高公众对动物多样性的理解和保护意识，唤起全社会公众对野生动物保护的关注，吸引更多的人投身于野生动物科研和保护都具有重要而特殊的意义。在此，我谨对本丛书的作者和编辑们的努力表示敬意，对他们取得的成果表示祝贺，并希望他们能不断创新，获得更大的成绩。

中国科学院院士

2019 年 9 月于昆明

前言

中国大西南地区泛指西藏、四川、云南、重庆、贵州和广西6省（直辖市、自治区），其中广西通常被归于华南地区，本书之所以将其纳入西南地区：一是因为广西与云南、贵州紧密相连，其西北部也是云贵高原的一部分；二是从地形来看，广西地处云贵高原与华南沿海的过渡区，是云南南部热带地区与海南热带地区的过渡带；三是从动物组成来看，广西西部、北部与云南和贵州的物种关系紧密，动物通过珠江水系与贵州、云南进行迁徙和交流，物种区系与传统的西南可视为一个整体。由此6省（直辖市、自治区）组成的西南区域面积约260万km^2，约占我国陆地面积的27.1%；人口约2.5亿，约为我国人口总数的18%。此区域北与新疆、青海、甘肃和陕西互连，东与湖北、湖南和广东相邻，西部与印度、尼泊尔、不丹交界，南部与缅甸、老挝和越南接壤。

一、复杂多姿的地形地貌

在这片仅占我国陆地面积27.1%，占全球陆地面积不到1.7%的区域内，有从北热带到高原亚寒带等多种气候类型；从世界最高峰到北部湾的海岸线，其间分布有青藏高原和云贵高原，包括喜马拉雅山脉、藏北高原、藏南谷地、横断山脉、四川盆地、两广丘陵、云南南部谷地和山地丘陵等特殊地貌；境内有怒江、澜沧江、长江、珠江四大水系，沿海诸河以及地下河水系，还有数以千计的湖泊、湿地等自然水域类型。

1. 气势恢宏的山脉

我国西南地区从西部的青藏高原到东南部的沿海海滨，地形呈梯级式分布，从最高的珠穆朗玛峰一直到海平面，相对高差达8844m。西藏拥有全世界14座最高峰（海拔8000m以上）中的7座，从北向南主要有昆仑山脉、喀喇昆仑山—唐古拉山脉、冈底斯—念青唐古拉山脉和喜马拉雅山脉。昆仑山脉位于青藏高原北部，全长达2500km，宽约150km，主体海拔5500～6000m，有“亚洲脊柱”之称，是我国永久积雪与现代冰川最集中的地区之一，有大小冰川近千条。喀喇昆仑山脉耸立于青藏高原西北侧，主体海拔6000m；唐古拉山脉横卧青藏高原中部，主体部分海拔6000m，相对高差多在500m，是长江的发源地。冈底斯—念青唐古拉山脉横亘在西藏中部，全长约1600km，宽约80km，主体海拔5800～6000m，超过6000m的山峰有25座，雪盖面积大，遍布山谷冰川和冰斗冰川。喜马拉雅山脉蜿蜒在青藏高原南缘的中国与印度、尼泊尔交界线附近，被称为“世界屋脊”，由许多平行的山脉组成，其主要部分长2400km，宽200～300km，主体海拔在6000m以上。

横断山脉位于青藏高原之东的四川、云南、西藏三省（自治区）交界，由一系列南北走向的山岭和山谷组成，北部山岭海拔5000m左右，南部降至4000m左右，谷地自北向南则明显加深，山岭与河谷的高差达1000～4000m。在此区域耸立着主体海拔2000～3000m的苍山、无量山、哀牢山，以及轿子山等。

滇东南的大围山等山脉，海拔高度已降至2000m左右，与缅甸、老挝、越南交界地区大多都在海拔1000m以下。云南东北部的乌蒙山最高峰海拔4040m，至贵州境内海拔降至2900m，为贵州省最高点；贵州北部有大娄山，南部有苗岭，东北有武陵山，由湖南蜿蜒进入贵州和重庆；重庆地处四川盆地东部，其北部、东部及南部分别有大巴山、巫山、武陵山、大娄山等环绕。广西地处云贵高原东南边缘，位于两广丘陵西部，南临北部湾海面，中部和南部多丘陵平地，呈盆地状，有“广西盆地”之称；广西的山脉分为盆地边缘山脉和盆地内部山脉两类，以海拔 800m 以上的中山为主，海拔 400 ～ 800m 的低山次之。

2. 奔腾咆哮的江河

许多江河源于青藏高原或云南高原。雅鲁藏布江、伊洛瓦底江和怒江为印度洋水系。澜沧江、长江、元江和珠江，加上四川西北部的黄河支流白河、黑河为太平洋水系，分别注入东海、南海或渤海。在西藏还有许多注入本地湖泊的内流河水系；广西南部还有独自注入北部湾的独流水系。

雅鲁藏布江发源于西藏南部喜马拉雅山脉北麓的杰马央宗冰川，由西向东横贯西藏南部，是世界上海拔最高的大河，流经印度、孟加拉国，与恒河相汇后注入孟加拉湾。伊洛瓦底江的东源头在西藏察隅附近，流入云南后称独龙江，向西流入缅甸，与发源于缅甸北部山区的西源头迈立开江汇合后始称伊洛瓦底江；位于云南西部的大盈江、龙川江也是其支流，最后在缅甸注入印度洋的缅甸海。怒江发源于西藏唐古拉山脉吉热格帕峰南麓，流经西藏东部和云南西北部，进入缅甸后称萨尔温江，最后注入印度洋缅甸海。澜沧江发源于我国青海省南部的唐古拉山脉北麓，流经西藏东部、云南，到缅甸后称为湄公河，继续流经老挝、泰国、柬埔寨和越南后注入太平洋南海。长江发源于青藏高原，其干流流经本区的西藏、四川、云南、重庆，最后注入东海，其数百条支流辐辏我国南北，包括本区的贵州和广西。四川西北部的白河、黑河由南向北注入黄河水系。元江发源于云南大理白族自治州巍山彝族回族自治县，并有支流流经广西，进入越南后称红河，最后流入北部湾。南盘江是珠江上游，发源于云南，流经本区的贵州、广西后，由广东流入南海。广西南部地区的独流入海水系指独自注入北部湾的河流。

西南地区的大部分河流山区性特征明显，江河的落差都很大，上游河谷开阔、水流平缓、水量小，中游河谷束放相间、水流湍急；下游河谷深切狭窄、水量大、水力资源丰富。如金沙江的三峡以及怒江有“一滩接一滩，一滩高十丈”和“水无不怒石，山有欲飞峰”之说。有的江河形成壮观的瀑布，如云南的大叠水瀑布、三潭瀑布群、多依河瀑布群，广西的德天瀑布等。我国西南地区被纵横交错、大大小小的江河水系分隔成众多的、差异显著的条块，有利于野生动物生存和繁衍生息。

3. 高原珍珠——湖泊与湿地

西藏有上千个星罗棋布的湖泊，其中湖面面积大于1000km^{2}的有3个，1 ~ 1000km^{2}的有609个；云南有30多个大大小小的与江河相通的湖泊，西藏和云南的湖泊大多为海拔较高的高原湖泊。贵州有31个湖泊，广西主要的湖泊有南湖、榕湖、东湖、灵水、八仙湖、经萝湖、大龙潭、苏关塘和连镜湖等。众多的湖泊和湖周的沼泽深浅不一，有丰富的水生植物和浮游生物，为水禽和湖泊鱼类提供了优良的食物条件和生存环境，这是这一地区物种繁多的重要原因。

二、纷繁的动物地理区系

在地球的演变过程中，我国西南地区曾发生过大陆分裂和合并、漂移和碰撞，引发地壳隆升、高原抬升、河流和湖泊形成，以及大气环流改变等各种地质和气候事件。由于印度板块与欧亚板块的碰撞和相对位移，青藏高原、云贵高原抬升，形成了众多巨大的山系和峡谷，并产生了东西坡、山脉高差等自然分隔，既有纬度、经度变化，又有垂直高度变化，引起了气候变化，并导致了植被类型的改变。受植被分化影响，原本可能是连续分布的动物居群在水平方向上（经度、纬度）或垂直方向上（海拔）被分隔开，出现地理隔离和生态隔离现象，动物种群间彼此不能进行“基因”交流，在此情况下，动物面临生存的选择，要么适应新变化，在形态、生理和遗传等方面都发生改变，衍生出新的物种或类群；要么因不能适应新环境而灭绝。

中国在世界动物地理区划中共分为 2 界、3 亚界、7 区、19 亚区，西南地区涵盖了其中的 2 界、2 亚界、4 区、7 亚区（表 1）。

1. 青藏区

青藏区包括西藏、四川西北部高原，分为羌塘高原亚区和青海藏南亚区。

羌塘高原亚区：位于西藏西北部，又称藏北高原或羌塘高原，总体海拔 4500 ~ 5000 m，每年有半年冰雪封冻期，长冬无夏，植物生长期短，植被多为高山草甸、草原、灌丛和寒漠带，有许多大小不等的湖泊。动物区系贫乏，少数适应高寒条件的种类为优势种。兽类中食肉类的代表是香鼬，数量较多的有野牦牛、藏野驴、藏原羚、藏羚、岩羊、西藏盘羊等有蹄类，啮齿

表 1　中国西南动物地理区划

界 / 亚界	区	亚区	动物群
古北界 / 中亚亚界	青藏区	羌塘高原亚区	羌塘高地寒漠动物群
			昆仑高山寒漠动物群
			高原湖盆山地草原、草甸动物群
		青海藏南亚区	藏南高原谷地灌丛草甸、草原动物群
			青藏高原东部高地森林草原动物群
东洋界 / 中印亚界	西南区	喜马拉雅亚区	西部热带山地森林动物群
			察隅—贡山热带山地森林动物群
		西南山地亚区	东北部亚热带山地森林动物群
			横断山脉热带—亚热带山地森林动物群
			云南高原林灌、农田动物群
	华中区	西部山地高原亚区	四川盆地亚热带林灌、农田动物群
			贵州高原亚热带常绿阔叶林灌、农田动物群
			黔桂低山丘陵亚热带林灌、农田动物群
	华南区	闽广沿海亚区	沿海低丘地热带农田、林灌动物群
			滇桂丘陵山地热带常绿阔叶林灌、农田动物群
		滇南山地亚区	滇西南热带—亚热带山地森林动物群
			滇南热带森林动物群

类则以高原鼠兔、灰尾兔、喜马拉雅旱獭和其他小型鼠类为主。鸟类代表是地山雀、棕背雪雀、白腰雪雀、藏雪鸡、西藏毛腿沙鸡、漠䳭、红嘴山鸦、黄嘴山鸦、胡兀鹫、岩鸽、雪鸽、黑颈鹤、棕头鸥、斑头雁、赤麻鸭、秋沙鸭和普通燕鸥等。这里几乎没有两栖类，爬行类也只有红尾沙蜥、西藏沙蜥等少数几种。

青海藏南亚区：系西藏昌都地区，喜马拉雅山脉中段、东段的高山带以及北麓的雅鲁藏布江谷地，主体海拔 6000m，有大面积的冻原和永久冰雪带，气候干寒，垂直变化明显，除在东南部有高山针叶林外，主要是高山草甸和灌丛。兽类以啮齿类和有蹄类为主，如鼠兔、中华鼢鼠、白唇鹿、马鹿、麝、狍等，猕猴在此达到其分布的最高海拔（3700 ~ 4200m）。高山森林和草原中鸟类混杂，有不少喜马拉雅—横断山区鸟类或只见于本亚区局部地区的鸟类，如血雉、白马鸡、环颈雉、红腹角雉、绿尾虹雉、红喉雉鹑、黑头金翅雀、雪鸽、藏雀、朱鹀、藏鹀、黑头噪鸦、灰腹噪鹛、棕草鹛、红腹旋木雀等。爬行类中有青海沙蜥、西藏沙蜥、拉萨岩蜥、喜山岩蜥、拉达克滑蜥、高原蝮、西藏喜山蝮和温泉蛇等，但通常数量稀少。两栖类以高原物种为特色，倭蛙属、齿突蟾属物种为此区域的优势种，常见的还有山溪鲵和几种蟾蜍、异角蟾、湍蛙等。

2. 西南区

西南区包括四川西部山区、云贵高原以及西藏东南缘，以高原山地为主体，从北向南逐渐形成高山深谷和山岭纵横、山河并列的横断山系，主体海拔 1000 ~ 4000m，最高的贡嘎山山峰高达 7556m；在云南西部，谷底至山峰的高差可达 3000m 以上。分为喜马拉雅亚区和西南山地亚区。

喜马拉雅亚区：其中的喜马拉雅山南坡及波密—察隅针叶林带以下的山区自然垂直变化剧烈，植被也随海拔高度变化而呈现梯度变化，有高山灌丛、草甸、寒漠冰雪带（海拔 4200m 以上），山地寒温带暗针叶林带（海拔 3800 ~ 4200m），山地暖温带针阔叶混交林带（海拔 2300 ~ 3800m），山地亚热带常绿阔叶林带（海拔 1100 ~ 2300m），低山热带雨林带（海拔 1100m 以下）；自阔叶林带以下属于热带气候。

藏东南高山区的动物偏重于古北界成分，种类贫乏；低山带以东洋界种类占优势，分布狭窄的土著种较丰富。由于雅鲁藏布江伸入到喜马拉雅山主脉北翼，在大拐弯区形成的水汽通道成为东洋界动物成分向北伸延的豁口，亚热带阔叶林、山地常绿阔叶带以东洋界成分较多，东洋界与古北界成分沿山地暗针叶林上缘相互交错。兽类的代表物种有不丹羚牛、小熊猫、麝、塔尔羊、灰尾兔、灰鼠兔；鸟类的代表有红胸角雉、灰腹角雉、棕尾虹雉、褐喉旋木雀、火尾太阳鸟、绿背山雀、杂色噪鹛、红眉朱雀、红头灰雀等；爬行类有南亚岩蜥、喜山小头蛇、喜山钝头蛇；两栖类以角蟾科和树蛙科物种占优，特有种如喜山蟾蜍、齿突蟾属部分物种和舌突蛙属物种。

西南山地亚区：主要指横断山脉。总体海拔 2000 ～ 3000m，分属于亚热带湿润气候和热带—亚热带高原型湿润季风气候。植被类型主要有高山草甸、亚高山灌丛草甸，以铁杉、槭和桦为标志的针阔叶混交林—云杉林—冷杉林，亚热带山地常绿阔叶林。横断山区不仅是很多物种的分化演替中心，而且也是北方物种向南扩展、南方物种向北延伸的通道，这种相互渗透的南北区系成分，造就了复杂的动物区系和物种组成。

兽类南方型和北方型交错分布明显，北方种类分布偏高海拔带，南方种类分布偏低海拔带。分布在高山和亚高山的代表性物种有滇金丝猴、黑麝、羚牛、小熊猫、大熊猫、灰颈鼠兔等；猕猴、短尾猴、藏酋猴、西黑冠长臂猿、穿山甲、狼、豺、赤狐、貉、黑熊、大灵猫、小灵猫、果子狸、野猪、赤麂、水鹿、北树鼩。有多种菊头蝠和蹄蝠等广泛分布在本亚区；本亚区还是许多食虫类动物的分布中心。

繁殖鸟和留鸟以喜马拉雅—横断山区的成分比重较大，且很多为特有种；冬候鸟则以北方类型为主。分布于亚高山的有藏雪鸡、黄喉雉鹑、血雉、红胸角雉、红腹角雉、白尾梢虹雉、绿尾虹雉、藏马鸡、白马鸡以及白尾鹞、燕隼等。黑颈长尾雉、白腹锦鸡、环颈雉栖息于常绿阔叶林、针阔叶混交林及落叶林或林缘山坡草灌丛中。绿孔雀主要分布在滇中、滇西的常绿阔叶林、落叶松林针阔叶混交林和稀树草坡环境中。灰鹤、黑颈鹤、黑鹳、白琵鹭、大天鹅，以及鸳鸯、秋沙鸭等多种雁鸭类冬天到本亚区越冬，喜在湖泊周边湿地、沼泽以及农田周边觅食。

两栖和爬行动物几乎全属横断山型，只有少数南方类型在低山带分布，土著种多。爬行类代表有在山溪中生活的平胸龟、云南闭壳龟、黄喉拟水龟；在树上、地上生活的丽棘蜥、裸耳龙蜥、云南龙蜥、白唇树蜥；在草丛中生活的昆明龙蜥、山滑蜥；在雪线附近生活的雪山蝮、高原蝮；在土壤中穴居生活的云南两头蛇、白环链蛇、紫灰蛇、颈棱蛇；营半水栖生活的八线腹链蛇，生活在稀树灌丛或农田附近的红脖颈槽蛇、银环蛇、金花蛇、中华珊瑚蛇、眼镜蛇、白头蝰、美姑脊蛇、白唇竹叶青、方花蛇等。我国特有的无尾目 4 个属均集中分布在横断山区，山溪鲵、贡山齿突蟾、刺胸齿突蟾、胫腺蛙、腹斑倭蛙等生活在海拔 3000m 以上的地下泉水出口处或附近的水草丛中；大蹼铃蟾、哀牢髭蟾、筠连臭蛙、花棘蛙、棘肛蛙、棕点湍蛙、金江湍蛙等常生活在常绿阔叶林下的小山溪或溪旁潮湿的石块下，或苔藓、地衣覆盖较好的环境中或树洞中。

3. 华中区

西南地区只涉及华中区的西部山地高原亚区，主要包括秦岭、淮阳山地、四川盆地、云贵高原东部和南岭山地。地势西高东低，山区海拔一般为 500 ~ 1500m，最高可超过 3000m。从北向南分别属于温带—亚热带、湿润—半湿润季风气候和亚热带湿润季风气候。植被以次生阔叶林、针阔叶混交林和灌丛为主。

西部山地高原亚区：北部秦巴山的低山带以华北区动物为主，高山针叶林带以上则以古北界动物为主，南部贵州高原倾向于华南区动物，四川盆地由于天然森林为农耕及次生林灌取代，动物贫乏。典型的林栖动物保留在大巴山、金佛山、梵净山、雷山等山区森林中，如猕猴、藏酋猴、川金丝猴、黔金丝猴、黑叶猴、林麝等；营地栖生活的赤腹松鼠、长吻松鼠、花松鼠为许多地区的优势种；岩栖的岩松鼠是林区常见种；毛冠鹿生活于较偏僻的山区；小麂、赤麂、野猪、帚尾豪猪、北树鼩、三叶蹄蝠、斑林狸、中国鼩猬、华南兔较适应次生林灌环境；平原农耕地区常见的是鼠类，如褐家鼠、小家鼠、黑线姬鼠、高山姬鼠、黄胸鼠、针毛鼠或大足鼠、中华竹鼠。本亚区代表性鸟类有灰卷尾、灰背伯劳、噪鹃、大嘴乌鸦、灰头鸦雀、红腹锦鸡、灰胸竹鸡、白领凤鹛、白颊噪鹛等；贵州草海是重要的水禽、涉禽和其他鸟类，如黑颈鹤等的栖息地或越冬地。爬行动物主要有铜蜓蜥、北草蜥、虎斑颈槽蛇、乌华游蛇、黑眉晨蛇、乌梢蛇、王锦蛇、玉斑蛇、紫灰蛇等。本亚区两栖动物以蛙科物种为主，角蟾科次之，是有尾类大鲵属、小鲵属、肥鲵属和拟小鲵属的主要分布区。

4. 华南区

本书涉及的华南区大约为北纬 25°以南的云南、广西及其沿海地区。以山地、丘陵为主，还分布有平原和山间盆地。除河谷和沿海平原外，海拔多为 500 ~ 1000m。是我国的高温多雨区，主要植被是季雨林、山地雨林、竹林，以及次生林、灌丛和草地。可分为闽广沿海亚区和滇南山地亚区。

闽广沿海亚区：在本书范围内系指广西南部，属亚热带湿润季风气候。地形主要是丘陵以及沿河、沿海的冲积平原。本亚区每年冬季有大量来自北方的冬候鸟，是我国冬候鸟种类最多的地区；其他代表性鸟类有褐胸山鹧鸪、棕背伯劳、褐翅鸦鹃、小鸦鹃、叉尾太阳鸟、灰喉山椒鸟等。爬行类与两栖类区系组成整体上是华南区与华中区的共有成分，以热带成分为标志，如爬行类有截趾虎、原尾蜥虎、斑飞蜥、变色树蜥、长鬣蜥、长尾南蜥、鳄蜥、古氏草蜥、黑头剑蛇、金花蛇、泰国圆斑蝰等，两栖类有尖舌浮蛙、花狭口蛙、红吸盘棱皮树蛙、小口拟角蟾、瑶山树蛙、广西拟髭蟾、金秀纤树蛙、广西瘰螈等。

滇南山地亚区：包括云南西部和南部，是横断山脉的南延部分，高山峡谷已和缓，有不少宽谷盆地出现，属于亚热带—热带高原型湿润季风气候。植被类型主要为常绿阔叶季雨林，有些低谷为稀树草原，本亚区与中南半岛毗连，栖息条件优越。

本亚区南部东洋型动物成分丰富，兽类和繁殖鸟中有一些属喜马拉雅—横断山区成分，但冬候鸟则以北方成分为主。一些典型的热带物种，如兽类中的蜂猴、东黑冠长臂猿、亚洲象、鼷鹿，鸟类中的鹦鹉、蛙口夜鹰、犀鸟、阔嘴鸟等，其分布范围大都以本亚区为北限。热带森林中，优越的栖息条件导致动物优势种类现象不明显，在一定的区域环境内，往往栖息着许多习性相似的种类。食物丰富则有利于一些狭食性和专食性动物，如热带森林中嗜食白蚁的穿山甲，专食竹类和山姜子根茎的竹鼠，以果类特别是榕树果实为食的绿鸠、犀鸟、拟啄木鸟、鹎、啄花鸟和太阳鸟等，以及以蜂类为食的蜂虎。我国其他地方普遍存在的动物活动的季节性变化在本亚区并不明显。

兽类有许多适应于热带森林的物种，如林栖的中国毛猬、东黑冠长臂猿、北白颊长臂猿、倭蜂猴、马来熊、大斑灵猫、亚洲象；在雨林中生活，也会到次生林和稀树草坡休息的印度野牛、水鹿；热带丘陵草灌丛中的小鼷鹿；洞栖的蝙蝠类；热带竹林中的竹鼠等。鸟类的热带物种代表之一是大型鸟类，如栖息在大型乔木上的犀鸟，喜在林缘、次生林及水域附近活动的红原鸡、灰孔雀雉、绿孔雀、水雉；中小型代表鸟类有绿皇鸠、山皇鸠、灰林鸽、黄胸织雀、长尾阔嘴鸟、蓝八色鸫、绿胸八色鸫、厚嘴啄花鸟、黄腰太阳鸟等。喜湿的热带爬行动物非常丰富，陆栖型的如凹甲陆龟、锯缘摄龟；在林下山溪或小河中的山瑞鳖，在大型江河中的鼋；喜欢在村舍房屋缝隙或树洞中生活的壁虎科物种；草灌中的长尾南蜥、多线南蜥；树栖的斑飞蜥、过树蛇；穴居的圆鼻巨蜥、伊江巨蜥、蟒蛇；松软土壤里的闪鳞蛇、大盲蛇；喜欢靠近水源的金环蛇、银环蛇、眼镜蛇、丽纹腹链蛇。本区两栖动物繁多，树蛙科和姬蛙科属种尤为丰富。较典型的代表有生活在雨林下山溪附近的版纳鱼螈、滇南臭蛙、版纳大头蛙、勐养湍蛙。树蛙科物种常见于雨林中的树上、林下灌丛、芭蕉林中，有喜欢在静水水域的姬蛙科物种以及虎纹蛙、版纳水蛙、黑斜线水蛙、黑带水蛙，还有体形特别小的圆蟾浮蛙、尖舌浮蛙等。

三、特点突出的野生动物资源

西南地区由于地理位置特殊、海拔高差巨大、地形地貌复杂，从而形成了从热带直到寒带的多种气候类型，以及相应的复杂而丰富多彩的生境类型，不但让各类动物找到了相适应的环境条件，也孕育了多姿多彩的动物物种多样性和种群结构的特殊性。

1. 物种多样性丰富

我国西南地区的垂直变化从海平面到海拔 8844 m，巨大的海拔高差导致了巨大的气候、植被和栖息地类型变化，从常绿阔叶林到冰川冻原，不同海拔高度的生境类型多呈镶嵌式分布，形成了可孕育丰富多彩的野生动物多样性的环境。世界动物地理区划的东洋界和古北界的分界线正好穿过我国西南地区，两界的动物成分在水平方向和海拔垂直高度两个维度上相互交错和渗透。西南地区成为我国乃至全世界在目、科、属、种及亚种各分类阶元分化和数量都最为丰富的区域。从表 2 可看到，虽然西南地区只占我国陆地面积的 27%，但所分布的已知脊椎动物物种数却占了全国物种总数的 73.4%。

在哺乳动物方面，根据蒋志刚等《中国哺乳动物多样性（第2版）》（2017）和《中国哺乳动物多样性及地理分布》（2015）以及其他文献统计，中国已记录哺乳动物 13 目 56 科 251 属 698 种；其中有 12 目 43 科 176 属 452 种分布在西南 6 省（直辖市、自治区），依次分别占全国的 92%、77%、70%和65%。在鸟类方面，根据郑光美等《中国鸟类分类与分布名录（第3版）》（2017）以及其他文献统计，中国已记录鸟类 26 目 109 科 504 属 1474 种；其中有 25 目 104 科 450 属 1182 种分布在西南地区，依次分别占

表 2 中国西南脊椎动物物种数统计

	哺乳类	鸟类	爬行类	两栖类	合计	占比 (%)
云南	313	952	215	175	1655	52.0
四川	235	690	103	102	1130	35.5
广西	151	633	176	112	1072	33.7
西藏	183	619	79	63	944	29.6
贵州	153	488	102	86	829	26.0
重庆	109	376	41	47	573	18.0
西南	452	1182	350	354	2338	73.4
全国	698	1474	505	507	3184	/

全国的 96%、95%、89% 和 80%。在爬行类方面，根据蔡波等《中国爬行纲动物分类厘定》（2015）和其他文献统计，中国爬行动物已有 3 目 30 科 138 属 505 种，其中 2 目 24 科 108 属 350 种分布在西南地区，依次分别占全国的 67%、80%、78% 和 69%。在两栖类方面，截止到 2019 年 7 月，中国两栖类网站共记录中国两栖动物 3 目 13 科 61 属 507 种，其中有 3 目 13 科 51 属 354 种分布在西南地区，依次分别占全国的 100%、100%、84% 和 70%。我国 34 个省（直辖市、自治区）中，分布于云南、四川和广西的脊椎动物种类是最多的。

2. 特有类群多

由于西南地区自然环境复杂，地形差异大，气候和植被类型多样，地理隔离明显，孕育并发展了丰富的动物资源，其中许多是西南地区特有的。在已记录的 3184 种中国脊椎动物中，在中国境内仅分布于西南地区 6 省（直辖市、自治区）的有 932 种（29.3%）。在已记录的 786 种中国特有种（特有比例 24.7%）中，488 种（62.1%）在西南地区有分布，其中 301 种（38.3%）仅分布在西南地区。两栖类的中国特有种比例高达 49.5%，并且其中的 47.7% 仅分布在西南地区（表 3）。

表 3　中国脊椎动物（未含鱼类）特有种及其在西南地区的分布

	中国物种数	在中国仅分布于西南地区的物种数及百分比（%）	中国特有种数及百分比（%）	中国特有种	
				在西南地区有分布的物种数及百分比（%）	仅分布于西南地区的物种数及百分比（%）
哺乳类	698	201（28.8）	154（22.1）	104（67.5）	53（34.4）
鸟类	1474	316（21.4）	104（7.1）	55（59.6）	10（10.6）
爬行类	505	164（32.5）	174（34.5）	99（56.9）	69（39.7）
两栖类	507	251（49.5）	354（69.8）	230（65.0）	169（47.7）
合计	3184	932（29.3）	786（24.7）	488（62.1）	301（38.3）

在哺乳类中，长鼻目、攀鼩目、鳞甲目，以及鞘尾蝠科、假吸血蝠科、蹄蝠科、熊科、大熊猫科、小熊猫科、灵猫科、獴科、猫科、猪科、鼷鹿科、刺山鼠科、豪猪科在我国分布的物种全部或主要分布于西南地区；我国灵长目 29 个物种中的 27 个、犬科 8 个物种中的 7 个都主要分布于西南地区。全球仅在我国西南地区分布的受威胁物种有：黔金丝猴（CR）、贡山麂（CR）、滇金丝猴（EN）、四川毛尾睡鼠（EN）、峨眉鼩鼹（VU）、宽齿鼹（VU）、四川羚牛（VU）、黑鼠兔（VU）。

在鸟类中，蛙口夜鹰科、凤头雨燕科、咬鹃科、犀鸟科、鹦鹉科、八色鸫科、阔嘴鸟科、黄鹂科、翠鸟科、卷尾科、王鹟科、玉鹟科、燕鵙科、钩嘴鵙科、雀鹎科、扇尾莺科、鹎科、河乌科、太平鸟科、叶鹎科、啄花鸟科、花蜜鸟科、织雀科在我国分布的物种全部或主要分布于西南地区。全球仅在我国西南地区分布的受威胁物种有：四川山鹧鸪（EN）、弄岗穗鹛（EN）、暗色鸦雀（VU）、金额雀鹛（VU）、白点噪鹛（VU）、灰胸薮鹛（VU）、滇䴓（VU）。

在爬行类中，裸趾虎属、龙蜥属、攀蜥属、树蜥属、拟树蜥属、喜山腹链蛇属和温泉蛇属在我国分布的物种全部或主要分布在西南地区。全球仅在我国西南地区分布的受威胁物种有：百色闭壳龟（CR）、云南闭壳龟（CR）、四川温泉蛇（CR）、温泉蛇（CR）、香格里拉温泉蛇（CR）、横纹玉斑蛇（EN）、荔波睑虎（EN）、瓦屋山腹链蛇（EN）、墨脱树蜥（VU）、云南两头蛇（VU）。

在两栖类中，拟小鲵属、山溪鲵属、齿蟾属、拟角蟾属、舌突蛙属、小跳蛙属、费树蛙属、小树蛙属、灌树蛙属和棱鼻树蛙属在我国分布的物种全部或主要分布在西南地区。全球仅在我国西南地区分布的极危物种（CR）有：金佛拟小鲵、普雄拟小鲵、呈贡蝾螈、凉北齿蟾、花齿突蟾；濒危物种（EN）有：猫儿山小鲵、宽阔水拟小鲵、水城拟小鲵、织金瘰螈、普雄齿蟾、金顶齿突蟾、木里齿突蟾、峨眉髭蟾、广西拟髭蟾、原髭蟾、高山掌突蟾、抱龙异角蟾、墨脱异角蟾、花棘蛙、双团棘胸蛙、棘肛蛙、峰斑林蛙、老山树蛙、巫溪树蛙、洪佛树蛙、瑶山树蛙；此外还有 43 个易危物种（VU）。

3. 受威胁和受关注物种多

虽然西南地区的动物物种多样性非常丰富，但每个物种的丰富度相差极大，大多数物种的生存环境较为脆弱，种群数量偏少、密度较低。加上近年来人类活动的干扰强度不断加大，栖息地遭到不同程度的破坏而丧失或质量下降，导致部分物种濒危甚至面临灭绝的危险。从表 4 统计的中国脊椎动物红色名录评估结果来看，我国陆生脊椎动物的受威胁物种（极危 + 濒危 + 易危）占全部物种的 19.8%，受关注物种（极危 + 濒危 + 易危 + 近危 + 数据缺乏）占全部物种的 45.9%，研究不足或缺乏了解物种（数据缺乏 + 未评估）占全部物种的 19.5%；西南地区与全国的情况相近，无明显差别。从不同类群来看，两栖类的受威胁物种比例最高（35.6%），其次是哺乳类（27.7%）和爬行类（24.3%）。

表4　中国西南脊椎动物（未含鱼类）红色名录评估结果统计

	哺乳类		鸟类		爬行类		两栖类		合计	
	全国	西南	全国	西南	全国	西南	全国	西南	全国	西南
灭绝（EX）	0	0	0	0	0	0	1	1	1	1
野外灭绝（EW）	3	1	0	0	0	0	0	0	3	1
地区灭绝（RE）	3	3	3	1	0	0	1	0	7	4
极危（CR）	55	37	14	9	35	24	13	7	117	77
濒危（EN）	52	36	51	39	37	26	47	30	187	131
易危（VU ）	66	52	80	69	65	35	117	89	328	245
近危（NT）	150	105	190	159	78	52	76	54	494	370
无危（LC）	256	155	886	759	177	133	108	79	1427	1126
数据缺乏（DD）	70	32	150	80	66	45	51	40	337	197
未评估（NE）	43	31	100	66	47	35	93	54	283	186
合计	698	452	1474	1182	505	350	507	354	3184	2338
受威胁物种 (%)*	24.8	27.7	9.8	9.9	27.1	24.3	34.9	35.6	19.8	19.4
受关注物种 (%)**	56.3	58.0	32.9	30.1	55.6	52.0	60.0	62.1	45.9	43.6
缺乏了解物种 (%)***	16.2	13.9	17.0	12.4	22.4	22.9	28.4	26.6	19.5	16.4

注：* 指极危、濒危和易危物种的合计；** 指极危、濒危、易危、近危和数据缺乏物种的合计；
*** 指数据缺乏和未评估物种的合计。

4. 重要的候鸟迁徙通道和越冬地

全球八大鸟类迁徙路线中，有两条贯穿我国西南地区。一是中亚迁徙路线的中段偏东地带，在俄罗斯中西部及西伯利亚西部、蒙古国，以及我国内蒙古东部和中部草原、陕西地区繁殖的候鸟，秋季时飞过大巴山、秦岭等山脉，穿越四川盆地，经云贵高原的横断山脉向南，有些则飞越喜马拉雅山脉、唐古拉山脉、巴颜喀拉山脉和祁连山脉向南，然后在我国青藏高原南部、云贵高原，或南亚次大陆越冬。这条路线跨越许多海拔 5000 ~ 8000m 的高山，是全球海拔最高的迁徙线路。二是西亚—东非迁徙路线的中段偏东地带，东起内蒙古和甘肃西部以及新疆大部分地区，沿昆仑山脉向西南进入西亚和中东地区，有些则飞越青藏高原后进入南亚次大陆越冬，还有部分鸟类继续飞跃印度洋至非洲越冬。

我国西南地区不仅是候鸟迁飞的重要通道和中间停歇地，也是许多鸟类的重要越冬地，西南地区记录的 41 种雁形目鸟类中，有 30 多种是每年从北方飞来越冬的冬候鸟。在西藏等地区，除可以看到长途迁徙的大量候鸟外，还有像黑颈鹤那样，春季在青藏高原的高海拔地区繁殖，秋季迁徙到距离不远的低海拔河谷地区避寒越冬的种类，形成独特的区内迁徙。

四、生物多样性保护的全球热点

西南地区是我国少数民族的主要聚居地，各民族都有自己悠久的历史和丰富多彩的文化，在不同的生活环境和条件下，不同民族创造并以适合自己的方式繁衍生息。在长期的生活和生产活动中，许多民族逐渐认识并与自然和动物建立了紧密联系，产生了朴素的自然保护意识。如藏族人将鹤类，以及胡兀鹫、秃鹫、高山兀鹫等猛禽奉为“神鸟”；傣族人把孔雀和鹤，阿昌人把白腹锦鸡，白族人把鹤敬为“神鸟”而加以保护。但由于西南地区山高谷深、交通闭塞、生产力低下，直到 20 世纪中后期，仍有边疆少数民族依靠采集野生植物和猎捕鸟兽来维持生计，野生动物是其食物蛋白的重要来源或重要的治病药材，导致一些动物特别是大型脊椎动物的数量不断下降。特别是在 20 世纪 50 年代以后，在经济和社会发展迅速、人口迅猛增加的同时，野生动植物也成为商品而产生了大量交易，西南地区出现了严重的乱砍滥伐和乱捕滥猎等问题，野生动物栖息地不断遭到损毁，野生动物生存空间日益缩小，动物种群数量不断下降，有的甚至遭到了灭顶之灾。如因昆明滇池 1969 年开始进行“围湖造田”，加上城市污水直排入湖等原因，导致了生活于滇池周边的滇螈因失去产卵场所和湖水严重污染而灭绝。

为此，中国政府自 20 世纪 80 年代开始，将生物多样性保护列入了基本国策，签署和加入了一系列国际保护公约，颁布实施了多部法律或法规，将生态系统和生物多样性保护纳入法律体系内。我国西南地区相继有一批重要地点被列入全球或全国的重要保护项目或计划中（表 5、表 6），从而使这些独特而重要的地点依法、依规得到了保护。特别是在 21 世纪到来之际，中国在开始实施西部大开发战略的同时，还启动了天然林保护工程、退耕还林工程、野生动植物保护及自然保护区建设工程、长江中上游防护林体系建设工程等多项环境和生物多样性保护的重大工程，西南地区在其中都是建设的重点，并取得了许多重要进展，西南地区生物多样性下降的总体趋势有所减缓，但还未得到完全有效的遏制。西南地区是我国社会和经济发展较为落后的贫困区，但同时也是发展最为迅速的区域，在 2013—2018 年这 6 年中，我国大陆 31 个省（直辖市、自治区）的 GDP 增速排名前三的省（直辖市、自治区）基本都出自西南地区，伴随而来的是人类活动强度不断增加，自然环境受到的干预和破坏不断加速加重，导致了栖息地退化或丧失、环境污染现象，再加上气候变化、外来物种入侵的影响，这一区域的生命支持系统正在承受着前所未有的压力。例如在 2000—2010 年，如果我们仅关注林地面积减少（与林地增长分别统计），云南、广西、四川的林地丧失面积分别排名全国第 1、2、4 位，广西、贵州的年均林地丧失率排名全国第 1、3 位。

拥有丰富、多样而独特的资源本底，加上正在经历历史上最快速的变化，我国西南地区的环境和生物多样性保护受到了国内外的高度关注，在全球 36 个生物多样性保护热点地区中，涉及我国的有 3 个——印缅地区、中国西南山地和喜马拉雅，它们在我国的范围全部都位于西南地区（表 5）。我国在西南地区建立了 102 个国家级自然保护区（表 6），约占全国国家级自然保护区总面积的 45%。野生动物资源保护事关生态安全和社会经济的可持续发展。我国正从环境付出和资源输出型大国向依靠科技力量保护环境和可持续利用自然资源的发展方式转型。生态文明建设成为国家总体战略布局的重要组成部分，本着尊重自然、顺应自然、保护自然，绿水青山就是金山

表 5　中国西南 6 省（直辖市、自治区）被列入全球重要保护项目或计划的地点

类别	数量		名称（所属省、直辖市、自治区）
	全国	西南	
世界文化自然双重遗产	4	1	峨眉山—乐山大佛风景名胜区（四川）
世界自然遗产	13	8	黄龙风景名胜区（四川）、九寨沟风景名胜区（四川）、大熊猫栖息地（四川）、三江并流保护区（云南）、中国南方喀斯特（云南、贵州、重庆、广西）、澄江化石遗址（云南）、中国丹霞（包括贵州赤水、福建泰宁、湖南崀山、广东丹霞山、江西龙虎山、浙江江郎山等 6 处）、梵净山（贵州）
世界生物圈保护区	34	11	卧龙（四川）、黄龙（四川）、亚丁（四川）、九寨沟（四川）、茂兰（贵州）、梵净山（贵州）、珠穆朗玛（西藏）、高黎贡山（云南）、西双版纳（云南）、山口红树林（广西）、猫儿山（广西）
世界地质公园	39	7	石林（云南）、大理苍山（云南）、织金洞（贵州）、兴文石海（四川）、自贡（四川）、乐业—凤山（广西）、光雾山—诺水河（四川）
国际重要湿地	57	11	大山包（云南）、纳帕海（云南）、拉市海（云南）、碧塔海（云南）、色林错（西藏）、玛旁雍错（西藏）、麦地卡（西藏）、长沙贡玛（四川）、若尔盖（四川）、北仑河口（广西）、山口红树林（广西）
全球生物多样性保护热点地区	3	3	印缅地区（西藏、云南）、中国西南山地（云南、四川）、喜马拉雅（西藏）

表6　中国西南6省（直辖市、自治区）已建立的国家级自然保护区

地名	数量	名称
广西壮族自治区	23	银竹老山资源冷杉、七冲、邦亮长臂猿、恩城、元宝山、大桂山鳄蜥、崇左白头叶猴、大明山、千家洞、花坪、猫儿山、合浦营盘港—英罗港儒艮、山口红树林、木论、北仑河口、防城金花茶、十万大山、雅长兰科植物、 岑王老山、金钟山黑颈长尾雉、九万山、大瑶山、弄岗
重庆市	6	五里坡、阴条岭、缙云山、金佛山、大巴山、雪宝山
四川省	32	千佛山、栗子坪、小寨子沟、诺水河珍稀水生动物、黑竹沟、格西沟、长江上游珍稀特有鱼类、龙溪—虹口、白水河、攀枝花苏铁、画稿溪、王朗、雪宝顶、米仓山、 唐家河、马边大风顶、长宁竹海、老君山、花萼山、蜂桶寨、卧龙、九寨沟、小金四姑娘山、若尔盖湿地、贡嘎山、察青松白唇鹿、长沙贡玛、海子山、亚丁、美姑大风顶、白河、南莫且湿地
云南省	20	乌蒙山、云龙天池、元江、轿子山、会泽黑颈鹤、哀牢山、大山包黑颈鹤、药山、无量山、永德大雪山、南滚河、云南大围山、金平分水岭、黄连山、文山、西双版纳、纳板河流域、苍山洱海、高黎贡山、白马雪山
贵州省	10	佛顶山、宽阔水、习水中亚热带常绿阔叶林、赤水桫椤、梵净山、麻阳河、威宁草海、雷公山、茂兰、大沙河
西藏自治区	11	麦地卡湿地、拉鲁湿地、雅鲁藏布江中游河谷黑颈鹤、类乌齐马鹿、芒康滇金丝猴、珠穆朗玛峰、羌塘、色林错、雅鲁藏布大峡谷、察隅慈巴沟、玛旁雍错湿地
合计	102	

注：至2018年，我国有国家级自然保护区474个。

银山的理念，我国正在加紧实施重要生态系统保护和修复重大工程，并在脱贫攻坚战中坚持把生态保护放在优先位置，探索生态脱贫、绿色发展的新路子，让贫困人口从生态建设与修复中得到实惠。面对我国野生动植物资源保护的严峻形势，面对生态文明建设和优化国家生态安全屏障体系的新要求，西南地区野生动物保护工作任重而道远，需要政府、科学家和公众共同携手努力，才能确保野生动植物资源保护不仅能造福当代，还能惠及子孙，为实现中国梦和建设美丽中国做出贡献！

五、本书概况

本丛书分为 5 卷 7 本，以图文并茂的方式逐一展示和介绍了我国西南地区约 2000 种有代表性的陆栖脊椎动物和昆虫。每个物种都配有 1 幅以上精美的原生态图片，介绍或描述了每个物种的分类地位、主要识别特征，濒危或保护等级，重要的生物学习性和生态学特性，有的还涉及物种的研究史、人类利用情况和保护现状与建议等。哺乳动物卷介绍了 11 目 30 科 76 属 115 种，为本区域已知物种的 26%；鸟类卷（上、下）介绍了云南已知鸟类 700 余种，为本区域已知物种的 64%；爬行动物卷介绍了爬行动物 2 目 22 科 90 属 230 种，其中有 2 个属、13 种蜥蜴和 2 种蛇为本书首次发表的新属或新种，为本区域已知物种的 66%；两栖动物卷介绍了 300 余种，为本区域已知物种的 91%。以上 5 卷合计介绍了本区域已知陆栖脊椎动物的 60%。昆虫卷（上、下）介绍了西南地区近 700 种五彩缤纷的昆虫。《前言》部分介绍了造就我国西南地区丰富的物种多样性的自然环境和条件，复杂的动物地理区系，以及本区域野生动物资源的突出特点，强调了地形地貌和气候的复杂性是形成西南地区野生动物多样性和特殊性的主要原因，并对本区域动物多样性保护的重要性进行了简要论述。

本书是在国内外众多科技工作者辛勤工作的大量成果基础上编写而成的。本书采用的分类系统为国际或国内分类学家所采用的主流分类系统，反映了国际上分类学、保护生物学等研究的最新成果，具体可参看每一卷的《后记》。本书主创人员中，有的既是动物学家也是动物摄影家。由于珍稀濒危动物大多分布在人迹罕至的荒野，或分布地极其狭窄，或对人类的警戒性较强，还有不少物种人们对其知之甚少，甚至还没有拍到过原生态照片，许多拍摄需在人类无法生存的地点进行长时间追踪或蹲守，因而本书非常难得地展示了许多神秘物种的芳容，如本书发表的 13 种蜥蜴和 2 种蛇新种就是首次与读者见面。作为展示我国西南地区博大深邃的动物世界的一个窗口，本书每幅精美的图片记录的只是历史长河中匆匆的一瞬间，但只要用心体会，就可窥探到其暗藏的故事，如动物的行为状态、栖息或活动场所等，从中可以看出动物的喜怒哀乐、栖息环境的大致现状等。我们真诚地希望本书能让更多的公众进一步认识和了解野生动物的美，以及它们的自然价值和社会价值，认识和了解到有越来越多的野生动物正面临着生存的危机和灭绝的风险，唤起人们对野生动物的关爱，激发越来越多的公众主动投身到保护环境、保护生物多样性、保护野生动物的伟大事业中，为珍稀濒危动物的有效保护做贡献。

衷心感谢北京出版集团对本书选题的认可和给予的各种指导与帮助，感谢中国科学院战略性先导科技专项 XDA19050201、XDA20050202 和

XDA 23080503 对编写人员的资助。我们谨向所有参与本书编写、摄影、编辑和出版的人员表示衷心的感谢，衷心感谢季维智院士对本书编写工作给予的指导并为本书作序。由于编著者学识水平和能力所限，错误和遗漏在所难免，我们诚恳地欢迎广大读者给予批评和指正。

2019 年 9 月于昆明

《前言》主要参考资料

【01】IUCN. The IUCN Red List of Threatened Species. 2019. Version 2019-1[DB]. https://www.iucnredlist.org.

【02】蔡波，王跃招，陈跃英，等．中国爬行纲动物分类厘定 [J]. 生物多样性．2015, 23(3): 365-382.

【03】蒋志刚，江建平，王跃招，等．中国脊椎动物红色名录 [J]. 生物多样性．2016, 24(5): 500-551.

【04】蒋志刚，刘少英，吴毅，等．中国哺乳动物多样性（第 2 版）[J]. 生物多样性．2017, 25 (8): 886-895.

【05】蒋志刚，马勇，吴毅，等．中国哺乳动物多样性及地理分布 [M]. 北京：科学出版社，2015.

【06】张荣祖．中国动物地理 [M]. 北京：科学出版社，1999.

【07】郑光美主编．中国鸟类分类与分布名录（第 3 版）[M]. 北京：科学出版社，2017.

【08】中国科学院昆明动物研究所．中国两栖类信息系统 [DB]. 2019.http://www.amphibiachina.org.

目录

劳亚食虫目
EULIPOTYPHLA

中国毛猬

Hylomys suillus

体形与鼠类相似，但吻部尖长，尾极短细。体背橄榄褐色，腹面除颏、喉部毛尖略染黄色外，其余均为灰白色。典型的热带种类。栖息于海拔600~1100 m的阴湿热带雨林、季雨林或次生灌丛中。白天隐匿在洞穴或乱石缝中，黄昏后外出觅食。行动敏捷。主要以昆虫为食，兼食果实等植物性食物。分布区狭窄，国内仅见于云南。国外分布于文莱、柬埔寨、印度尼西亚、老挝、马来西亚、缅甸和越南。数量较少。

猬科　Erinaceidae
中国评估等级：近危（NT）
世界自然保护联盟（IUCN）评估等级：无危（LC）

中国鼩猬
Neotetracus sinensis

外形与中国毛猬相似，但尾较细长。成年中国鼩猬体背暗橄榄褐色或褐棕色并杂黑褐色长毛，腹毛茶黄或乌黄色。典型的亚热带、温带种类。栖息于海拔800~2700 m的阴湿常绿阔叶林中。穴居树根下、茂密竹丛、蕨类或苔藓覆盖地。夜行性。以小型昆虫及多种植物的根、茎、果实为食。4—8月产仔，每胎产4~5仔。系横断山及其邻近地区的特有种。国内主要分布于四川、云南、贵州。国外见于缅甸和越南。数量较少。

猬科 Erinaceidae
中国评估等级：无危（LC）
世界自然保护联盟（IUCN）评估等级：无危（LC）

大耳猬
Hemiechinus auritus

体形较小，耳大，耳尖钝圆。自耳后至尾基部的整个背部覆以坚硬的棘刺，多数棘刺由暗褐色和白色节环组成，少数棘刺全为白色，腹部灰白色。典型的荒漠、半荒漠动物，有时也进入农田附近。穴居。昼伏夜出。食性较杂，主要以昆虫、鼠类、蜥蜴等小动物为食，也吃蔬菜、瓜果等植物性食物。春季进入繁殖期，每年产1胎，每胎产2~6仔。国内主要分布于新疆、内蒙古、甘肃、宁夏、青海、陕西、四川等地。国外见于欧洲和亚洲一些国家和地区。

猬科　Erinaceidae
中国评估等级：无危（LC）
世界自然保护联盟（IUCN）评估等级：无危（LC）

蹼足鼩
Nectogale elegans

体形粗壮，趾间具蹼，身体被毛极为细密柔软。体背褐灰色，杂有许多带白尖的发状长毛，体腹灰白色。典型的寒温带食虫种类。栖息于海拔2000~3000 m的高山峡谷地带的湍急山溪及河流中。营水陆两栖生活，行动敏捷，善游泳。捕食水生昆虫、小鱼和蝌蚪，兼食水沟边草本植物的茎与果实。国内分布于云南、四川、西藏、青海、陕西、甘肃等地。国外见于印度、缅甸和尼泊尔。

鼩鼱科 Soricidae
中国评估等级：无危（LC）
世界自然保护联盟（IUCN）评估等级：无危（LC）

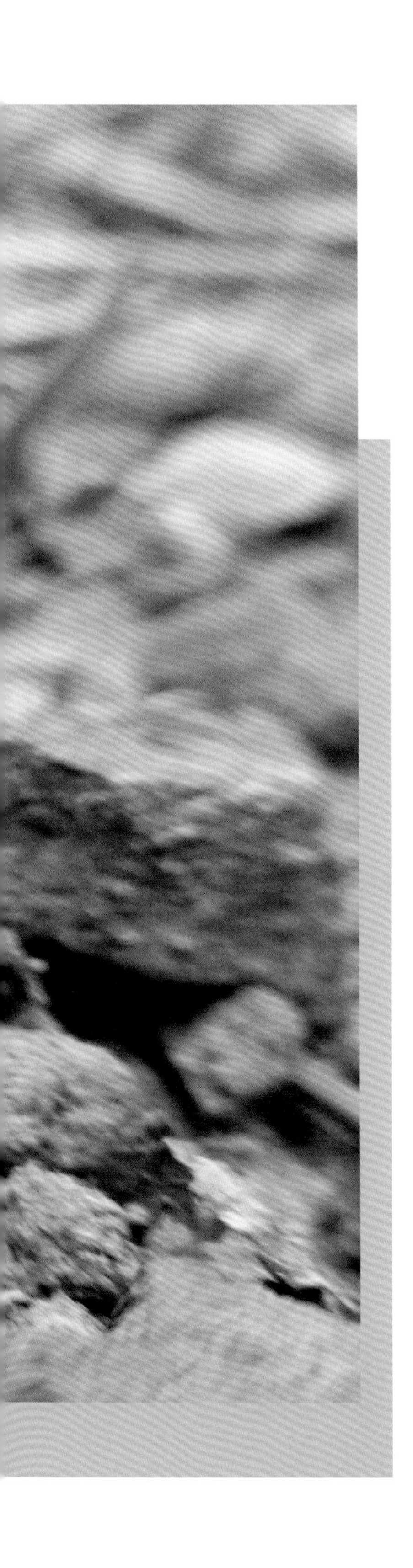

灰麝鼩
Crocidura attenuata

体形较大，眼小，吻部尖长，两侧具长而稀疏的须毛，尾长短于体长。体背灰褐色，腹毛淡灰色。热带种类，栖息于海拔300~1500 m的南亚热带雨林，尤喜在岩石、树丛、灌木丛、草丛中活动，在溪水边、耕地旁或荒草地中也能见到。夜行性，善于游泳。主要以蚯蚓、蠕虫、昆虫等为食，亦食农作物的种子。繁殖期为3—10月，每年产1~2胎，每胎产2~8仔。国内分布于西藏、云南、贵州、四川、甘肃、陕西、湖南、江西、浙江、福建、广西、海南、台湾等地。国外分布于中南半岛。

鼩鼱科 Soricidae
中国评估等级：无危（LC）
世界自然保护联盟（IUCN）评估等级：无危（LC）

攀鼩目
SCANDENTIA

北树鼩
Tupaia belangeri

貌似松鼠，但吻部尖长，耳短小，尾形平扁，尾毛侧分。背毛橄榄绿色或橄榄褐色，腹毛灰白色或灰黄色。栖息于热带、亚热带山地、丘陵、平坝谷地的森林或林缘灌丛。昼行性。善于树上攀缘及地面穿行。杂食，以昆虫等动物性食物为主，也吃植物果实和种子。1—5月为繁殖期，每胎产2~6仔。国内主要见于西藏、云南、四川、贵州、广西、海南等地。国外见于南亚和东南亚。

树鼩科　Tupaiidae
中国评估等级：无危（LC）
世界自然保护联盟（IUCN）评估等级：无危（LC）
濒危野生动植物种国际贸易公约（CITES）：附录II

北树鼩 *Tupaia belangeri*

翼手目
CHIROPTERA

棕果蝠
Rousettus leschenaultii

体形中等，面形似犬，耳椭圆形，无耳屏。体背暗褐色，腹部浅茶黄色，翼膜黑褐色。典型的热带蝙蝠，栖息于海拔300~1200 m的热带雨林或亚热带季风常绿阔叶林中。群居于石灰岩山洞内，有时也在大树的隐蔽处栖息。白天倒挂在洞顶或洞壁的凹凸处静栖，黄昏时外出觅食。以各种浆果和花蕊为食。繁殖期为每年的5—8月，每胎产1仔。国内分布于西藏、云南、四川、贵州、广西、海南、广东、香港、福建、江西等地。国外分布于南亚和东南亚。

狐蝠科 Pteropodidae
中国评估等级：无危（LC）
世界自然保护联盟（IUCN）评估等级：无危（LC）

灵长目
PRIMATES

蜂猴
Nycticebus bengalensis

体形较小的原猴类，面圆眼大，四肢粗短，尾极短，被毛厚密而柔软。眼圈棕褐色，头颈部灰白色，体背红褐色，自头顶至臀部有一条棕褐色背中线，腹面灰白色。栖息于海拔1800 m以下的热带雨林和亚热带常绿阔叶林区。夜行性，树栖。以热带浆果和鲜嫩花叶为食，也食昆虫、鸟卵和小鸟等。7—10月繁殖，每胎产1仔，偶产2仔。分布区狭窄，国内仅分布于云南、广西。国外分布于孟加拉国、柬埔寨、印度、老挝、缅甸、泰国和越南。数量稀少。

懒猴科　Lorisidae
中国保护等级：Ⅰ级
中国评估等级：濒危（EN）
世界自然保护联盟（IUCN）评估等级：易危（VU）
濒危野生动植物种国际贸易公约（CITES）：附录Ⅰ

倭蜂猴
Nycticebus pygmaeus

我国体形最小的原猴类，眼大，尾极短。眼周具深褐色眼环，被毛柔软略带卷曲，身体主要为橙棕色或棕黄色。生活在海拔1500 m以下的热带雨林或林缘地带。树栖，夜行性。除繁殖季节外多单独活动。以昆虫、鸟卵以及热带榕树果、野芭蕉等为食。7—9月为繁殖期，每胎多产2仔。分布范围狭窄，在国内仅分布于云南东南部。国外分布于柬埔寨、老挝和越南。野生数量极为稀少。

懒猴科　Lorisidae
中国保护等级：Ⅰ级
中国评估等级：极危（CR）
世界自然保护联盟（IUCN）评估等级：易危（VU）
濒危野生动植物种国际贸易公约（CITES）：附录Ⅰ

短尾猴
Macaca arctoides

体形较大，四肢粗壮，尾非常短并呈弯折状，头顶毛较长，且由正中向两侧分开。成年短尾猴面部呈红色或黑红色。通体毛色大部分呈棕褐色或黑褐色。典型的热带、亚热带猴种。主要栖息在海拔2600 m以下的常绿阔叶林和针阔混交林中。多在地面活动。群栖。昼行性。以多种野果、花芽、竹笋、鲜嫩枝叶等植物性食物为食，也食蟹类、蛙类和昆虫等小型动物。妊娠期约180天，每年产1胎，每胎产1仔。国内分布于云南、贵州、广西、广东等地。国外分布于中南半岛。

猴科　Cercopithecidae
中国保护等级：Ⅱ级
中国评估等级：易危（VU）
世界自然保护联盟（IUCN）评估等级：易危（VU）
濒危野生动植物种国际贸易公约（CITES）：附录Ⅱ

熊猴
Macaca assamensis

体形粗大，头顶具向四周辐射的旋毛，面部较长，吻部突出，尾较短，尾毛蓬松。体毛长而厚密，大部分呈棕褐色。属较典型的热带、亚热带种类。主要栖息于气候炎热的河谷丛林、热带常绿季雨林及亚热带山地常绿阔叶林、针叶林带。群居。昼行性。主要以野果、鲜嫩枝叶等植物性食物为食，也吃昆虫、鸟卵和两栖动物。妊娠期168天左右，每年产1胎，每胎产1~2仔。国内主要见于西藏、云南、贵州、广西等地。国外分布于孟加拉国、不丹、印度、老挝、缅甸、尼泊尔、泰国和越南。数量较少。

猴科　Cercopithecidae
中国保护等级：Ⅰ级
中国评估等级：易危（VU）
世界自然保护联盟（IUCN）评估等级：近危（NT）
濒危野生动植物种国际贸易公约（CITES）：附录Ⅱ

北豚尾猴
Macaca leonina

体形粗壮，头顶平坦，头顶中央具有向两侧分开的黑褐色毛冠，面颊及耳朵周围的毛较长，尾细长，尾端常上翘呈“S”形。全身呈黄褐色。典型的东南亚热带灵长类。主要栖息于海拔2000m以下的热带雨林、季雨林和常绿阔叶林中。群居。善攀爬。白天活动。主要以野果、种子、芽苞、嫩尖等植物性食物为食，也吃昆虫等小型动物。妊娠期约170天，每胎产1仔。在我国分布区狭窄，仅见于云南、西藏。国外分布于孟加拉国、柬埔寨、印度、老挝、缅甸、泰国和越南。数量稀少。

猴科 Cercopithecidae
中国保护等级：Ⅰ级
中国评估等级：极危（CR）
世界自然保护联盟（IUCN）评估等级：易危（VU）
濒危野生动植物种国际贸易公约（CITES）：附录Ⅱ

猕猴
Macaca mulatta

体形瘦小，尾较长，具颊囊，臀胝发达。体毛大部分为棕黄色，腹部淡灰色。热带、亚热带和温带的广栖性猴种。常见于海拔3000 m以下的各种常绿阔叶林、针阔混交林、竹林及稀树裸岩地带。昼行性。集群生活。食性杂，主要以野果、树叶、嫩枝、竹笋、苔藓等为食，也吃小鸟、鸟卵和各种昆虫，常成群盗食林缘农作物。妊娠期163天左右，每年产1胎，每胎产1仔，偶产2仔。国内分布广，主要分布于云南、贵州、广东、广西、海南、西藏、四川、重庆、福建、安徽、江西、湖南、湖北、陕西、山西、河南、青海。国外分布于阿富汗、孟加拉国、不丹、印度、老挝、缅甸、尼泊尔、巴基斯坦、泰国和越南。

猴科　Cercopithecidae
中国保护等级：Ⅱ级
中国评估等级：无危（LC）
世界自然保护联盟（IUCN）评估等级：无危（LC）
濒危野生动植物种国际贸易公约（CITES）：附录Ⅱ

猕猴 *Macaca mulatta*

猕猴 *Macaca mulatta*

藏酋猴
Macaca thibetana

我国猕猴属中体形最大的种类。体形粗壮，尾巴极短，具颊囊。颊部有一圈蓬松的浅灰色须毛，体毛长而浓厚，背毛为棕褐色，胸腹部浅灰色或淡黄色。栖息于海拔1000~3100 m的北亚热带至暖温带的常绿阔叶林、针阔混交林及稀树多岩地带。群栖。昼行性。主食野果、嫩叶、嫩枝、花苞、竹笋、树皮等，也吃昆虫、蛙类、小鸟和鸟卵。孕期约5个月，每年产1胎，每胎产1仔。我国特有灵长类，分布于四川、重庆、云南、贵州、甘肃、湖北、湖南、安徽、江西、福建等地。

猴科 Cercopithecidae
中国保护等级：II 级
中国评估等级：易危（VU）
世界自然保护联盟（IUCN）评估等级：近危（NT）
濒危野生动植物种国际贸易公约（CITES）：附录 II

长尾叶猴
Semnopithecus schistaceus

体形纤细，尾长超过体长，通体被毛长而厚密，颊须非常长，盖过耳部。头顶及颊须灰白色，颜面及耳黑色，上体和四肢外侧灰褐色，下体及四肢内侧灰白色。栖息于海拔1500~3500 m的热带雨林、亚热带常绿阔叶林和温带针阔混交林中。常出没于河谷两旁的石崖上，多在树上活动，也在地面行走。群栖，晨昏觅食。植食性，以树叶、花和果实为食。每2年繁殖1胎，每胎产1~2仔。分布区狭窄，国内仅分布于西藏东南部。国外分布于不丹、印度、尼泊尔和巴基斯坦。数量稀少。

猴科　Cercopithecidae
中国保护等级：Ⅰ级
中国评估等级：极危（CR）
世界自然保护联盟（IUCN）评估等级：无危（LC）
濒危野生动植物种国际贸易公约（CITES）：附录Ⅰ

菲氏叶猴
Trachypithecus phayrei

体形较小，四肢细长，体长不及尾长，头顶冠毛较长。脸部黑灰色，眼、嘴周围的皮肤白色，身体及尾银灰色，四肢末端较黑。幼体全身金黄色。典型的亚热带树栖叶猴。栖息于海拔1500 m以下的原生和次生的常绿、半常绿森林以及潮湿的落叶阔叶与常绿阔叶混交林中。多在树上栖居，攀缘和跳跃能力很强。喜群栖。昼行性，晨昏觅食活跃。主要以植物的芽、叶、花、果实和种子为食，一些群体也会把树皮、树胶、竹笋或苔藓等当作食物。秋冬季繁殖。分布区狭窄，数量较少。国内仅分布于云南西部。国外分布于缅甸、孟加拉国和印度。

猴科 Cercopithecidae
中国保护等级：I 级
中国评估等级：易危（VU）
世界自然保护联盟（IUCN）评估等级：濒危（EN）
濒危野生动植物种国际贸易公约（CITES）：附录II

印支灰叶猴
Trachypithecus crepusculus

体形较小，身体和四肢瘦长，尾长明显长于体长，头顶具尖长的簇状冠毛。颜面为灰黑色，眼及唇周环绕白色斑纹，除四肢末端微具黑色，通体呈银灰色并带丝质光泽。幼体金黄色。典型的树栖灵长类动物。生活在海拔1700~2700 m的热带及亚热带常绿阔叶林中。昼行性。多在森林高层活动，很少下地，群居。主要以植物的叶、花、果为食，也吃鸟蛋和小鸟。秋末冬初繁殖，妊娠期6~7个月。分布区狭窄，国内仅分布于云南。国外分布于老挝、缅甸、泰国和越南。

猴科 Cercopithecidae
中国保护等级：Ⅰ级
中国评估等级：濒危（EN）
世界自然保护联盟（IUCN）评估等级：濒危（EN）
濒危野生动植物种国际贸易公约（CITES）：附录Ⅱ

黑叶猴
Trachypithecus francoisi

体形纤瘦，头较小，四肢细长，尾长约为体长的1.5倍。头顶有一撮直立的黑色冠毛，除面颊两侧各有一条白色毛带外，几乎通体呈黑色。栖息于有常绿阔叶林分布的亚热带石灰岩丘陵山地及河谷两岸。攀缘和跳跃能力很强。群居，昼行性。以植物嫩叶、芽、花、果实等为食，也吃少量昆虫。妊娠期6~7个月，每年产1胎，每胎1仔。初生仔猴的毛色为橙黄色。国内主要分布于广西、贵州、重庆。数量较少。

猴科 Cercopithecidae
中国保护等级：Ⅰ级
中国评估等级：濒危（EN）
世界自然保护联盟（IUCN）评估等级：濒危（EN）
濒危野生动植物种国际贸易公约（CITES）：附录Ⅱ

黑叶猴 *Trachypithecus francoisi*

萧氏叶猴
Trachypithecus shortridgei

体形较大，尾长超过体长，长而柔软的顶毛向四周辐射，形似帽子戴在头上，故又称“戴帽叶猴”。颜面部灰黑色，除手、足和尾的后半部呈乌黑色外，其余均为青灰色。栖息于海拔1200~1500 m的热带雨林、湿性季风常绿阔叶林中。主营树栖生活，有时也到地面活动，善于攀缘和跳跃。群居。昼行性。主要以各种植物的嫩叶、芽尖、花苞和野果等为食。我国仅见于云南西北部的独龙江峡谷。国外见于缅甸。数量稀少。

猴科 Cercopithecidae
中国保护等级：Ⅰ级
中国评估等级：极危（CR）
世界自然保护联盟（IUCN）评估等级：濒危（EN）
濒危野生动植物种国际贸易公约（CITES）：附录Ⅰ

白头叶猴
Trachypithecus poliocephalus

体形修长，头小，四肢细长，尾长超过身体的长度，头顶具冠毛。头、颈、肩及尾的下半部为白色，其余体毛以黑色为主。栖息于典型的喀斯特石山。性情机警，极善跳跃，非常适应树栖和岩栖生活。群居。白天活动，夜晚在悬崖峭壁的岩洞和石隙中休息。主要以多种植物的叶、嫩枝、花、果及树皮等为食，也吃昆虫。每年产1胎，每胎产1仔。分布区狭窄。亚种（*Trachypithecus poliocephalus leucocephalus*）仅分布于我国广西西南部。

猴科 Cercopithecidae
中国保护等级：Ⅰ级
中国评估等级：极危（CR）
世界自然保护联盟（IUCN）评估等级：极危（CR）
濒危野生动植物种国际贸易公约（CITES）：附录Ⅱ

滇金丝猴
Rhinopithecus bieti

仰鼻猴属中体形最大的种类。鼻上仰，面部皮肤灰白色或淡肉桂色，唇红色。头顶具一较尖长的黑灰色冠毛，上体及四肢外侧和尾黑灰色，下体灰白色，臀部白色。典型的高寒猴种。主要栖息于海拔2900~4300 m的暗针叶林带，有时也在针阔混交林中活动。以树栖为主，也到地面饮水、觅食。营家族式群居生活。昼行性。主要以鲜嫩枝叶、芽苞和松萝等为食。全年均可交配，春秋两季为繁殖的高峰期，每胎产1仔。我国特有种，分布于云南和西藏。数量稀少。

猴科　Cercopithecidae
中国保护等级：Ⅰ级
中国评估等级：濒危（EN）
世界自然保护联盟（IUCN）评估等级：濒危（EN）
濒危野生动植物种国际贸易公约（CITES）：附录Ⅰ

滇金丝猴 *Rhinopithecus bieti*

黔金丝猴
Rhinopithecus brelichi

体形较川金丝猴稍小，但尾更长。鼻上仰，颜面浅蓝色，除额部、上胸部及前肢上部内侧金黄色，腹部黄白色外，其余身体大部分呈黑褐色，成体背部两肩之间有一明显的白斑。栖息于海拔780~2330 m的常绿阔叶林、常绿落叶阔叶林和落叶阔叶林中，偶见于林缘附近的村寨。主营树栖生活。群居。昼行性。以多种植物的叶、花、芽、嫩枝、果实和树皮为食，也食一些昆虫和小鸟。交配高峰期多在9月，妊娠期约半年，每胎产1仔。我国特有种，仅分布于贵州东北部的梵净山。数量稀少。

猴科 Cercopithecidae
中国保护等级：Ⅰ级
中国评估等级：极危（CR）
世界自然保护联盟（IUCN）评估等级：濒危（EN）
濒危野生动植物种国际贸易公约（CITES）：附录Ⅰ

川金丝猴
Rhinopithecus roxellana

体形粗壮，鼻上仰，颜面天蓝色，成体嘴角具瘤状突起。头顶黑褐色，通体被毛长而厚，肩背被有金丝状长毛，胸腹部黄白色。典型的温带猴种。生活在海拔1500~3500 m的中山常绿阔叶林、针阔混交林和亚高山针叶林带，并随着季节变化在栖息的生境中做垂直移动。以树栖为主，很少下地。群居生活。昼行性。主食植物的嫩叶、嫩枝、花、果以及树皮、竹笋等，也吃昆虫、鸟卵和小鸟。9—11月发情，孕期约7个月，每胎产1~2仔。我国特有种，分布于四川、甘肃、陕西、湖北、重庆。

猴科 Cercopithecidae
中国保护等级：Ⅰ级
中国评估等级：易危（VU）
世界自然保护联盟（IUCN）评估等级：濒危（EN）
濒危野生动植物种国际贸易公约（CITES）：附录Ⅰ

川金丝猴 *Rhinopithecus roxellana*

川金丝猴 *Rhinopithecus roxellana*

缅甸金丝猴
Rhinopithecus strykeri

体形中等。全身覆盖着茂密的黑色毛发，头顶具细长、向前卷曲的黑色冠毛，耳部和颊部有小面积的白毛，面部皮肤呈淡粉色，下巴上有独特的白色胡须，会阴部为白色。栖息在海拔1700~3100 m的中山湿性常绿阔叶林、寒温带针叶林和竹林内，其中中山湿性常绿阔叶林为其主要生境，并具有随食物、季节和天气变化迁移的特点。以树栖为主，很少到地面活动。群栖。昼行性。主要采食花、芽、果实、嫩叶、嫩茎以及竹笋等植物性食物。分布区狭窄，国内仅分布于云南西北部。国外分布于缅甸东北部。数量非常稀少。

猴科　Cercopithecidae
中国保护等级：Ⅰ级
中国评估等级：极危（CR）
世界自然保护联盟（IUCN）评估等级：极危（CR）
濒危野生动植物种国际贸易公约（CITES）：附录Ⅰ

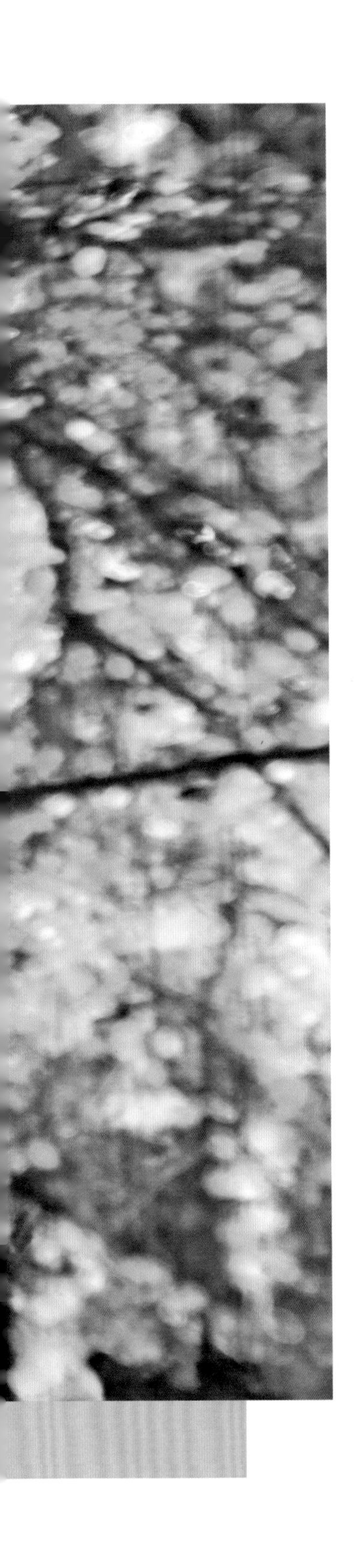

白掌长臂猿
Hylobates lar

小型猿类，前肢长于后肢，无尾。手背和足背白色。颜面有明显的白色面环，两性无明显的毛色差异，均有暗（黑褐色）、淡（淡黄色）两种色型。栖息于海拔1500 m以下的热带雨林和南亚热带季风常绿阔叶林中。树栖。营典型的家族式小群体生活，领域性强，有清晨鸣叫的习性。主要以果实、嫩叶、嫩芽、花等为食，也吃少量昆虫等动物性食物，繁殖率低，约两年产1仔。是我国长臂猿中分布区最小、数量最少的。国内仅分布在云南西南部。由于栖息地遭到破坏，已经从我国野外消失。国外分布于印度尼西亚、老挝、马来西亚、缅甸和泰国。

长臂猿科　Hylobatidae
中国保护等级：Ⅰ级
中国评估等级：极危（CR）
世界自然保护联盟（IUCN）评估等级：濒危（EN）
濒危野生动植物种国际贸易公约（CITES）：附录Ⅰ

高黎贡白眉长臂猿
Hoolock tianxing

体形瘦长，前肢长于后肢，无尾。头顶毛较长披向后方。雌雄异色，成年雄性体黑色，白色眼眉较细且眉间距大，眼眶下无白毛，下巴上无白色胡须，阴部毛色呈黑色或棕色；雌性多为灰棕色，眼眶间的白毛较少，脸环不明显。典型的树栖性灵长类动物，栖息于海拔500~2700 m的中山湿性常绿阔叶林、季风常绿阔叶林、山地雨林。营小家庭群居生活，善晨鸣。以多种花果、鲜枝嫩叶为主要食物，也吃昆虫和鸟卵等。繁殖率较低，一般3~4年才产1胎，每胎产1仔，妊娠期在200天左右。我国分布于云南西部。数量稀少。

长臂猿科 Hylobatidae
中国保护等级：Ⅰ级
中国评估等级：极危（CR）
世界自然保护联盟（IUCN）评估等级：濒危（EN）
濒危野生动植物种国际贸易公约（CITES）：附录Ⅰ

高黎贡白眉长臂猿 *Hoolock tianxing*

西黑冠长臂猿
Nomascus concolor

中型猿类，前肢长于后肢，无尾。雌雄异色，成年雄性通体亮黑色，头顶有直立的冠状簇毛；成年雌性体色以黄灰色为主，头顶具黑色冠斑，胸腹部淡褐黑色。栖息于海拔2700 m以下的热带季雨林、亚热带常绿阔叶林中。树栖。营家族式群体生活，具领域性，有清晨鸣叫的习性。以果实、嫩叶、嫩芽、花等为食。繁殖率较低，一般两年产1胎，每胎产1仔。国内仅分布于云南。国外见于老挝和越南。

长臂猿科　Hylobatidae
中国保护等级：Ⅰ级
中国评估等级：极危（CR）
世界自然保护联盟（IUCN）评估等级：极危（CR）
濒危野生动植物种国际贸易公约（CITES）：附录Ⅰ

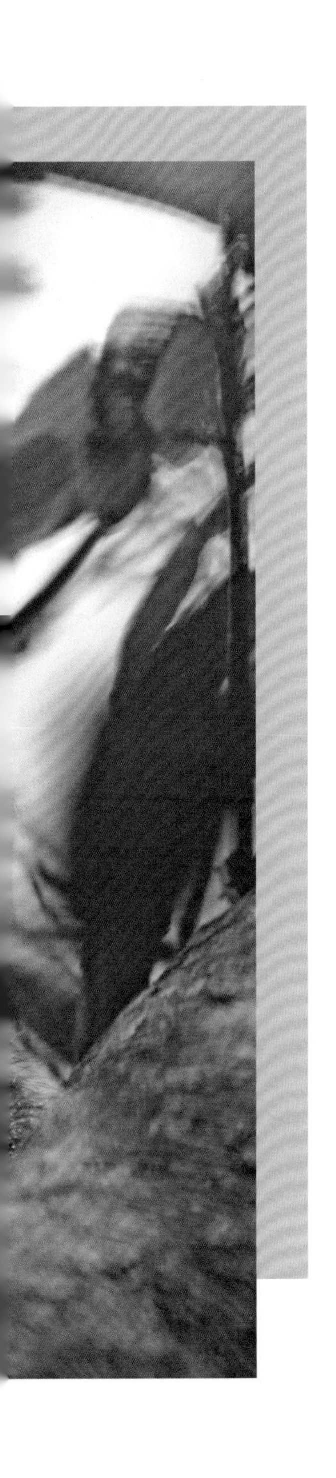

西黑冠长臂猿 *Nomascus concolor*

西黑冠长臂猿 *Nomascus concolor*

东黑冠长臂猿
Nomascus nasutus

世界上最濒危的25种灵长类动物之一。中型长臂猿，身体矫健，前肢明显长于后肢，无尾。被毛短而厚密。雄性全身黑色，头顶冠毛不长；雌性体背灰黄色、棕黄色或橙黄色，脸周有白色长毛，头顶冠斑面积较大，通常能超过肩部达到背部中央，胸部有部分浅褐色毛发。栖息于热带、亚热带茂密森林中，营家族式生活，每群10只左右。性格警惕，晨昏活动，在固定的范围内有一定的活动路线。目前仅分布于越南北部重庆县和中国广西西南部靖西市相连的一片约22 km^{2}的喀斯特森林中，现仅存18群110多只。

长臂猿科　Hylobatidae
中国保护等级：Ⅰ级
中国评估等级：极危（CR）
世界自然保护联盟（IUCN）评估等级：极危（CR）
濒危野生动植物种国际贸易公约（CITES）：附录Ⅰ

北白颊长臂猿
Nomascus leucogenys

小型猿类。雌雄异色，雄猿全身黑色，两颊各具1个大型白斑；雌猿全身污黄色或黄褐色，头顶具暗褐色冠斑。典型的热带猿类，栖息在海拔1000 m以下的热带原始阔叶林中。营小群体生活，昼行性，树栖，善晨鸣。以植物果实、叶、花为主食，也吃昆虫和鸟卵。繁殖率较低，大约两年产1胎，每胎产1仔。为中国、老挝、越南三国交界地区的特有种，分布区非常狭窄，国内仅分布于云南南部。在我国野外可能已消失。国外分布于越南（西北部和中北部）、老挝（北部）。

长臂猿科　Hylobatidae
中国保护等级：I级
中国评估等级：极危（CR）
世界自然保护联盟（IUCN）评估等级：极危（CR）
濒危野生动植物种国际贸易公约（CITES）：附录 I

北白颊长臂猿 *Nomascus leucogenys*

北白颊长臂猿 *Nomascus leucogenys*

鳞甲目
PHOLIDOTA

穿山甲
Manis pentadactyla

身体修长，四肢短粗，头小呈圆锥状，吻端裸露，无牙，舌头极长，前足爪发达。全身除腹部外，从头到尾都被由毛特化成的角质鳞甲所覆盖，鳞甲灰褐色或黄色。栖息于海拔2500 m以下的热带、亚热带及温带丘陵山地的灌丛、草丛和森林的潮湿地带。善掘洞，穴居，昼伏夜出。独栖。受惊时身体蜷成球状。主要以蚂蚁等虫类为食。4—5月发情交配，每年产1胎，每胎产1~2仔。国内见于长江以南地区。国外分布于不丹、印度、老挝、缅甸、尼泊尔、泰国和越南。数量稀少。

鲮鲤科 Manidae
中国保护等级：II 级
中国评估等级：极危（CR）
世界自然保护联盟（IUCN）评估等级：极危（CR）
濒危野生动植物种国际贸易公约（CITES）：附录 II

食肉目
CARNIVORA

狼
Canis lupus

外形似家犬，但吻较尖长，耳直立，近乎三角形，四肢长而强健，尾具蓬松长毛。头部及体背毛多为棕黄色、沙黄色或黄褐色，腹部灰白色。适应性较强，栖息于海拔5400 m以下的山地丘陵、森林、草原、平原及荒漠、冻原等多样环境和气候带。独栖或成对同栖。多晨昏活动。以中小型有蹄动物和啮齿动物为食，也盗食家畜、家禽。每年产1胎，每胎产1仔。曾广泛分布于北半球广大地区，但目前已在许多原分布地消失。我国除华东地区南部和华南地区外，各地均有分布。

犬科　Canidae
中国评估等级：近危（NT）
世界自然保护联盟（IUCN）评估等级：无危（LC）
濒危野生动植物种国际贸易公约（CITES）：附录Ⅱ

狼 *Canis lupus*

藏狐
Vulpes ferrilata

体形与赤狐相近，但耳短小。被毛致密、柔软，毛短而略卷曲。背部浅灰色或浅红棕色，腹部白色。尾形粗短，尾毛蓬松，除尾尖白色外其余灰色。栖息于海拔1450~4800 m的高山草甸、荒漠草原或荒坡。除繁殖季节外多单独活动。穴居。晨昏活动。食物主要为小型啮齿动物、野兔及地栖鸟类。2月末开始交配，4—5月产仔，每胎产2~5仔。国内分布于西藏、青海、甘肃、新疆、四川、云南。国外见于印度和尼泊尔。

犬科　Canidae
中国评估等级：近危（NT）
世界自然保护联盟（IUCN）评估等级：无危（LC）

藏狐 *Vulpes ferrilata*

赤狐
Vulpes vulpes

身体瘦长，四肢较短，面部宽阔，吻部尖长，耳尖而直立，尾毛蓬松。背毛红棕色或棕黄色，杂有灰白色毛尖，腹毛灰白色。栖息于海拔4000 m以下的森林、草原、荒漠、高山、丘陵及平原地区。穴居。晨昏单独或成对活动。食性杂，主要以鼠类、蛙类、昆虫和小鸟及浆果等为食。每年产1胎，每胎产2~5仔。分布广，我国除台湾、海南外，各地均有分布。国外广泛分布于亚欧大陆（中南半岛南部除外）和非洲大陆北部。

犬科 Canidae
中国评估等级：近危（NT）
世界自然保护联盟（IUCN）评估等级：无危（LC）

貉
Nyctereutes procyonoides

外形似狐，但较小，躯体肥壮，四肢较短。两颊生有灰白色长毛，吻部灰棕色，眼周有呈倒“八”字形的黑褐色脸斑，身体及尾部毛长而蓬松，体背暗黄褐色，腹毛色较浅。栖息于草原、平原、丘陵或稀疏阔叶林近水源处。穴居。昼伏夜出。独栖或结小群活动。食性较杂，主要取食鼠类、鱼类、蛙类、小鸟、蛇及昆虫等，也吃植物浆果、真菌、种子等。2—3月发情，每胎产3~7仔。我国除西北地区外均有分布。国外分布于东亚和东南亚北部。

犬科 Canidae
中国评估等级：近危（NT）
世界自然保护联盟（IUCN）评估等级：无危（LC）

豺
Cuon alpinus

体形比狼小，头部较宽，吻颌较短，耳短而圆，尾毛长而蓬松。体背红棕色或灰棕色，杂黑色毛尖，体腹棕白色或灰棕色，尾后端黑色。典型的山地动物，适应能力极强，从热带到寒带，自低海拔到高山的各种环境都可见其踪迹。多栖息于丘陵、山地灌丛和稀树草坡等生境。喜群居，善围猎。捕食鹿类、麝类等有蹄类动物，食物少时也取食啮齿类动物，有时甚至会伤害家畜。一般在冬春季繁殖，每年产1胎，每胎少则产3~4仔，多则产8~9仔。曾是东亚和南亚大陆的广布种，我国除台湾、海南以外的大部分地区都有分布，但近年来由于栖息地遭到破坏，现仅分布于甘肃、四川、陕西、云南、西藏和新疆。国外现仅分布于孟加拉国、不丹、柬埔寨、印度、印度尼西亚、老挝、马来西亚、缅甸、尼泊尔和泰国。数量稀少。

犬科　Canidae
中国保护等级：Ⅱ级
中国评估等级：濒危（EN）
世界自然保护联盟（IUCN）评估等级：濒危（EN）
濒危野生动植物种国际贸易公约（CITES）：附录Ⅱ

棕熊

Ursus arctos

体形大而粗壮，肩部显著隆起，头宽而圆，吻部较长，眼小，尾短，爪长而弯曲，被毛厚密而长。体毛色彩变异较大，包括棕红色、棕褐色和棕黑色。栖息于亚寒带针叶林或针阔混交林中，也见于青藏高原海拔4500~5000 m的高寒草甸草原区。除繁殖期外，雌雄均单独活动。有冬眠习性。杂食性，以小型兽类、鱼类、蛙类、鸟卵、昆虫、蜂蜜及动物尸体等为食，也吃野果、青草、嫩芽、树根、种子等植物性食物。隔年生殖1胎，夏季开始繁殖，在冬眠洞中产仔，每胎产1~3仔。国内分布于黑龙江、吉林、辽宁、内蒙古、甘肃、新疆、青海、西藏、四川、云南。国外分布于北美大陆西北部、欧亚大陆北部和中部。

熊科　Ursidae
中国保护等级：Ⅱ级
中国评估等级：易危（VU）
世界自然保护联盟（IUCN）评估等级：无危（LC）
濒危野生动植物种国际贸易公约（CITES）：附录Ⅰ

棕熊 *Ursus arctos*

黑熊
Ursus thibetanus

体形中等，头宽圆，耳大，眼小，尾极短，四肢粗短，爪长而弯曲，颈部两侧具蓬松长毛。体毛黑色而富有光泽，胸部由白色或黄白色短毛构成月牙形斑纹。典型的森林动物，适应性强，从低海拔的热带雨林、针阔混交林到海拔较高的寒温带针叶林、高山稀树灌丛地带都有分布。食性杂，主要以植物性食物为主，如嫩叶、竹笋、苔藓、蘑菇、青草以及各种浆果等，也吃鱼、蟹、蛙、鸟卵及小型兽类。生殖间隔期约1年，多在夏季交配，孕期7个月左右，每胎产1~2仔。国内分布于黑龙江、吉林、辽宁、河北、河南、陕西、甘肃、西藏、四川、云南、贵州、重庆、广西、海南、广东、湖北、湖南、江西、福建、台湾、浙江、安徽等地。国外主要分布于亚洲东部和南部。

熊科　Ursidae
中国保护等级：Ⅱ级
中国评估等级：易危（VU）
世界自然保护联盟（IUCN）评估等级：易危（VU）
濒危野生动植物种国际贸易公约（CITES）：附录Ⅰ

黑熊 *Ursus thibetanus*

马来熊
Helarctos malayanus

我国熊类中体形最小的一种。头部较宽，耳短，眼小，吻鼻显著伸长。体毛较短，毛色乌黑，胸部有淡黄色或橘黄色的“U”形斑纹，吻部黄白色。典型的热带熊类，主要栖息于海拔2100 m以下的热带雨林和南亚热带常绿阔叶林中。性情凶猛。多独栖。行动敏捷，善攀爬。食性较杂，以白蚁、蚂蚁、甲虫幼虫、蜂蜜、鸟类、小型兽类以及各种植物果实、嫩枝叶等为食。无冬眠习性。夏季进入发情交配期，冬春季产仔，每胎产1仔。国内仅分布于云南、西藏等地。国外分布于孟加拉国、文莱、柬埔寨、印度、印度尼西亚、老挝、马来西亚、缅甸、泰国和越南。数量非常稀少。

熊科　Ursidae
中国保护等级：Ⅰ级
中国评估等级：极危（CR）
世界自然保护联盟（IUCN）评估等级：易危（VU）
濒危野生动植物种国际贸易公约（CITES）：附录Ⅰ

大熊猫

Ailuropoda melanoleuca

体貌似熊而肥壮，头大而圆，尾极短，体毛粗而厚密。耳、眼圈、吻鼻端、肩及四肢黑色，其余部分乳白色。栖息于温带和寒温带海拔1400~3500 m的针阔混交林、落叶阔叶林和亚高山针叶林以及山地竹林。独栖。昼行性。无固定巢穴，多在竹林中或树杈上休息。主要以竹类的笋、叶、茎为食，偶尔也吃一些动物的尸体或其他植物。繁殖率低，春末夏初交配，孕期约140天，当年秋季产仔，每年产1胎，每胎产1~2仔。我国特有动物，仅分布于四川、甘肃、陕西。

大熊猫科　Ailuropodidae
中国保护等级：Ⅰ级
中国评估等级：易危（VU）
世界自然保护联盟（IUCN）评估等级：易危（VU）
濒危野生动植物种国际贸易公约（CITES）：附录Ⅰ

大熊猫 *Ailuropoda melanoleuca*

小熊猫
Ailurus fulgens

体形似熊，头部像猫。全身被毛呈棕红色，尾粗毛蓬，有棕红色与黄白色相间的9个环纹。系亚高山种类，主要栖息于海拔2300~4000 m的针阔混交林、箭竹林和杜鹃林中。昼行性。成对或单独活动。善攀爬，性温顺。以竹笋、嫩竹叶和各种野果为食，兼食小鸟及其他小动物。繁殖力较强，春季发情交配，每胎产2~5仔。喜马拉雅—横断山区特有种。国内分布于云南、西藏、四川等地。国外分布于不丹、印度、缅甸和尼泊尔。

小熊猫科　Ailuridae
中国保护等级：Ⅱ级
中国评估等级：易危（VU）
世界自然保护联盟（IUCN）评估等级：濒危（EN）
濒危野生动植物种国际贸易公约（CITES）：附录Ⅰ

小熊猫 *Ailurus fulgens*

黄腹鼬
Mustela kathiah

体形较小，身体细长，四肢较短，吻短，颈部较长，尾长超过体长。背腹毛色差异显著，体背为深褐色，体腹呈金黄色或沙黄色。为林缘灌丛种类。栖息于海拔500~2500 m的山地森林、草丛、丘陵、农田及村庄附近。穴居。夜行性。单独或成对活动。性凶猛，善游泳。以捕食鼠类为主，也食鱼、蛙、昆虫等。每年产1胎，每胎产2~5仔。国内分布于安徽、浙江、江西、福建、广东、广西、海南、湖南、湖北、陕西、甘肃、四川、重庆、贵州、云南、西藏等地。国外分布于不丹、柬埔寨、印度、老挝、缅甸、尼泊尔、泰国和越南。

鼬科　Mustelidae
中国评估等级：近危（NT）
世界自然保护联盟（IUCN）评估等级：无危（LC）

黄鼬
Mustela sibirica

俗称黄鼠狼。体形细长，颈细长，耳短而宽，四肢较短，尾长不及体长。体毛浅棕黄色至棕色。适应性极强，栖息于平原、高原、丘陵、沼泽地和山区等各种环境中。除繁殖季节外多单独活动。行动敏捷，善奔跑，能游泳、爬树、钻洞。无固定巢穴。夜行性，晨昏活动频繁。主食鼠类，也吃鸟类、鱼类、两栖类及其他无脊椎动物或盗食家禽。每年2—4月发情交配，孕期约40天，每胎产2~3仔。在我国分布较广，黑龙江、吉林、辽宁、内蒙古、河北、北京、天津、山东、河南、湖北、山西、陕西、甘肃、青海、西藏、云南、四川、重庆、贵州、湖南、广西、江西、福建、台湾、浙江、上海、江苏、安徽等地都有分布。国外见于不丹、印度、韩国、朝鲜、蒙古国、缅甸、尼泊尔、巴基斯坦和俄罗斯。

鼬科　Mustelidae
中国评估等级：无危（LC）
世界自然保护联盟（IUCN）评估等级：无危（LC）

黄鼬 *Mustela sibirica*

艾鼬
Mustela eversmanii

体形细长，颈较粗壮，四肢短健。体背棕黄色或沙黄色，背中部具较长的黑色针毛，使身体如弓状，胸部、四肢、腹中线及尾端黑褐色，眼周和鼻端棕黑色。栖息于海拔3200 m以下的山地、草原、灌丛及村寨附近。视觉和听觉灵敏，性情凶猛。穴居。夜行性，常单独活动。主要以鼠类为食，也捕食旱獭、鸟类、鱼类和蛙类等。2—3月繁殖，孕期约60天，每胎产3~5仔，多则达10余仔。国内主要分布于黑龙江、吉林、辽宁、内蒙古、河北、北京、河南、山西、陕西、甘肃、新疆、青海、四川、西藏等地。国外分布于东欧和中亚。数量较少。

鼬科　Mustelidae
中国评估等级：易危（VU）
世界自然保护联盟（IUCN）评估等级：无危（LC）

香鼬
Mustela altaica

体形较小，身体细长，四肢较短。夏季背毛暗棕黄色，腹部淡黄色；冬季背、腹一致呈黄褐色，尾与体同色。栖息于河谷、森林、草原，也见于海拔3000 m以上的高山灌丛和草甸。在石缝中或利用其他动物的洞穴栖居。独栖。晨昏时尤为活跃。行动敏捷，善于奔跑、游泳和爬树。嗜食鼠类，也捕食鸟类、蛙类和鱼类。2—3月发情，妊娠期约40天，每年产1胎，每胎产7~8仔。国内分布于黑龙江、吉林、辽宁、内蒙古、山西、湖北、陕西、甘肃、宁夏、四川、青海、西藏、新疆等地。国外分布于不丹、印度、哈萨克斯坦、吉尔吉斯斯坦、蒙古国、尼泊尔、巴基斯坦、俄罗斯和塔吉克斯坦。

鼬科 Mustelidae
中国评估等级：近危（NT）
世界自然保护联盟（IUCN）评估等级：近危（NT）

香鼬 *Mustela altaica*

纹鼬
Mustela strigidorsa

体躯细长，耳短，四肢短小，全身被毛长而柔软。上体暗褐色，自枕部至尾基有一条黄白色脊纹，下体黄色。典型的热带、南亚热带种类，主要栖息于海拔1200~2200 m的河谷区，活动于热带雨林、亚热带常绿阔叶林和稀树灌丛草坡以及村寨附近。独栖。多在晨昏活动。以鼠类为主食，也捕食鸟类、鱼类、两栖爬行类及大型昆虫等。分布区狭窄，国内仅分布于云南、贵州、广西。国外分布于印度、老挝、缅甸、泰国和越南。数量稀少。

鼬科　Mustelidae
中国评估等级：濒危（EN）
世界自然保护联盟（IUCN）评估等级：无危（LC）

鼬獾
Melogale moschata

体形粗短，眼较小，吻鼻尖长，四肢短小，尾长约为体长之半。两眼间具一显著白斑，眼后至耳下有白色斑纹，头顶至肩部有1条白色脊纹，身体毛色变异较大，体背呈棕灰色或沙灰色，腹毛白色或黄白色。栖息于海拔2500 m以下的河谷及山地森林、灌丛和草丛中。穴居，昼伏夜出。单独或成对活动。食性杂，以多种昆虫以及鱼、虾、蟹、泥鳅、蚯蚓等为食，也吃鼠类、小鸟、青蛙和植物的根茎、果实等。每年3月繁殖，每胎产2~4仔。国内主要分布于江苏、安徽、浙江、江西、福建、台湾、广东、香港、广西、海南、湖南、湖北、贵州、重庆、云南、四川、陕西等地。国外分布于老挝、缅甸和越南。

鼬科　Mustelidae
中国评估等级：近危（NT）
世界自然保护联盟（IUCN）评估等级：无危（LC）

亚洲狗獾
Meles leucurus

身体粗壮，吻部较长，尾短，四肢短。体毛白色与黑褐色混杂，头部3条白色纵纹与2条黑棕色纵纹相间，四肢黑色。栖息于亚热带和温带森林、山地灌丛、荒野、沙丘草地和湖泊河流沿岸。穴居。夜行性。具半冬眠习性。杂食性，以植物的根、茎、果实和蛙、蚯蚓、昆虫、鼠类等为食。每年秋季繁殖，次年夏初产仔，每胎产2~5仔。国内现仅见于新疆、青海、西藏等地。国外分布于哈萨克斯坦、朝鲜、韩国、吉尔吉斯斯坦、蒙古国、俄罗斯和乌兹别克斯坦。

鼬科　Mustelidae
中国评估等级：近危（NT）
世界自然保护联盟（IUCN）评估等级：无危（LC）

北猪獾
Arctonyx albogularis

外貌与狗獾近似，但吻部较狭长，尾长。耳缘、喉部、颈下及尾均为白色，其余体毛棕黑色，杂有白毛，头部有3条白色纵纹。栖息于海拔3000 m以下的热带、亚热带平原、丘陵和山区。穴居。昼伏夜出，单独活动。食性较杂，以植物的根、茎、果实和蚯蚓、昆虫、蛙、泥鳅、鼠类等动物为食。春季发情，孕期约3个月，每胎产2~4仔。国内分布于辽宁、内蒙古、河北、北京、山西、山东、河南、陕西、甘肃、宁夏、青海、西藏、云南、四川、重庆、贵州、湖北、湖南、广西、广东、江西、福建、浙江、江苏、安徽等地。国外分布于印度和蒙古国。

鼬科 Mustelidae
中国评估等级：近危（NT）
世界自然保护联盟（IUCN）评估等级：无危（LC）

水獭
Lutra lutra

身体细长略呈扁圆形，头部宽而稍扁。四肢短，尾细长，趾间具蹼。体毛较长，致密而有光泽，除喉部、颈下为灰白色外，其余均为灰褐色或暗褐色。为半水栖生活种类。主要生活在江河、湖泊、溪流、池塘等水域及其附近，出海口及近海岸的小岛屿也可见其踪迹。穴居。夜行性。善游泳和潜水。主要以鱼类为食，也捕食蟹、蛙、蛇、水禽、水生昆虫、甲壳类及啮齿类等。春夏季为繁殖高峰期，孕期约两个月，通常1胎产1~3仔。国内广泛分布于内蒙古、黑龙江、吉林、辽宁、河南、山西、陕西、甘肃、新疆、西藏、云南、四川、贵州、重庆、湖北、湖南、广西、海南、广东、香港、江西、福建、台湾、浙江、安徽、江苏、上海等地。国外广泛分布于亚欧大陆。数量较少。

鼬科 Mustelidae
中国保护等级：II 级
中国评估等级：濒危（EN）
世界自然保护联盟（IUCN）评估等级：近危（NT）
濒危野生动植物种国际贸易公约（CITES）：附录 I

水獭 *Lutra lutra*

水獭 *Lutra lutra*

江獭
Lutrogale perspicillata

外貌与水獭相似，但体形较大，尾形宽扁，四肢粗短，趾间具全蹼。被毛粗短、致密而富有光泽。体毛呈黑褐色，两颊、颈侧和颏喉部针毛白色或灰白色，腹部毛色稍浅淡。生活于江河和沿海较僻静的水域，也常在岸边的灌木丛中活动。穴居。一般单独或成对生活，在海边生活的江獭则喜欢群居。极善游泳和潜水。食物以鱼以及甲壳动物、软体动物为主，也吃水禽。每年产1胎，每胎产1~4仔，在我国分布区狭窄，仅分布于云南、广东。国外分布于南亚和东南亚。数量稀少。

鼬科 Mustelidae
中国保护等级：Ⅱ级
中国评估等级：濒危（EN）
世界自然保护联盟（IUCN）评估等级：易危（VU）
濒危野生动植物种国际贸易公约（CITES）：附录Ⅱ

大灵猫
Viverra zibetha

体形较大，吻部尖长，四肢粗短，尾长超过体长之半，会阴部具香囊。全身呈灰棕色，颈侧和喉部有3条显著的黑白相间的波状纹，尾部有5~6个封闭式黑环。栖息于海拔2000 m以下的热带季雨林和亚热带常绿阔叶林的林缘灌丛或稀树草丛。穴居。夜行性。多单独活动。食性较杂，主要捕食老鼠、青蛙、鱼、虾、小鸟和昆虫，也吃树叶、根茎和野果等。一般在早春发情，春末夏初产仔，每胎产2~4仔。国内分布于西藏、云南、贵州、重庆、四川、甘肃、陕西、湖北、湖南、广西、海南、广东、江西、福建、浙江、江苏、安徽等地。国外分布于孟加拉国、不丹、柬埔寨、印度、老挝、马来西亚、缅甸、尼泊尔、泰国和越南。数量稀少。

灵猫科　Viverridae
中国保护等级：Ⅱ级
中国评估等级：易危（VU）
世界自然保护联盟（IUCN）评估等级：无危（LC）

斑林狸
Prionodon pardicolor

我国体形最小的灵猫科动物。体形修长，颈长吻尖，四肢短小。体毛短密而绒软，体背以淡褐或棕褐为基色，全身布有大小不等的黑色斑点，从颈背到肩部有两条黑褐色条纹，下体乳白色，尾具有8~10个黑黄相间的环纹。栖息于海拔2000 m以下的热带雨林、亚热带常绿阔叶林或林缘灌丛、高草丛等生境。树栖或穴居。夜行性。主要以各种鼠类、蛙类、鸟卵、蜥蜴和昆虫等为食，也吃浆果，有时会到村寨附近盗食家禽。春末产仔，每胎以2仔居多。国内主要分布于西藏、云南、贵州、四川、湖南、江西、广西、广东等地。国外分布于不丹、柬埔寨、印度、老挝、缅甸、尼泊尔、泰国和越南。数量稀少。

灵猫科　Viverridae
中国保护等级：Ⅱ级
中国评估等级：易危（VU）
世界自然保护联盟（IUCN）评估等级：无危（LC）
濒危野生动植物种国际贸易公约（CITES）：附录Ⅰ

果子狸
Paguma larvata

体形粗胖，吻鼻短宽，四肢粗短，尾长超过体长。面部自吻鼻至头顶有一条宽阔的白色面纹，体背灰棕色或棕黄色，腹部灰黄色或淡灰白色。栖息于海拔2500 m以下的热带、亚热带常绿阔叶林及暖温带针阔混交林。营家族式生活。穴居。昼伏夜出。食性较杂，主要采食各种浆果和野果，偶尔也捕食小鸟、松鼠、蛙和昆虫等。冬春季交配，夏季产仔，每胎约产3仔。国内分布于西藏、云南、贵州、重庆、四川、甘肃、陕西、湖北、湖南、广西、海南、广东、香港、江西、福建、台湾、浙江、江苏、上海、安徽、河南、山西、河北、北京等地。国外见于南亚和东南亚。

灵猫科　Viverridae
中国评估等级：近危（NT）
世界自然保护联盟（IUCN）评估等级：无危（LC）

熊狸
Arctictis binturong

我国最大的灵猫科动物。躯体粗壮，四肢较短，尾长接近于体长，尾端具有缠绕性。耳背毛长，耳缘白色，通体被毛长而蓬松，呈黑褐色，毛尖灰白色。典型的热带种类，栖息于海拔500 m左右的热带雨林、季雨林中。多在高大树上活动。独栖或结小群生活。夜行性。食性较杂，主要以野果、鲜嫩叶芽为食，尤喜榕树的果实，兼食一些小动物。每年春夏为繁殖期，孕期2~3个月，每胎产1~2仔。国内仅见于云南（西部和南部）、广西（南部）、西藏（东南部）。国外广泛分布于南亚和东南亚。数量稀少。

灵猫科　Viverridae
中国保护等级：Ⅰ级
中国评估等级：濒危（EN）
世界自然保护联盟（IUCN）评估等级：易危（VU）

食蟹獴
Herpestes urva

体形较小，躯体肥壮，吻鼻尖长，耳短小。通体被毛粗长而蓬松，呈沙褐色或黑褐色，腹部毛色略浅淡，自口角经颊部到肩部有一条白色条纹，吻部及眼周红棕色。栖息于亚热带和暖温带海拔较低的湿热沟谷林缘，尤喜山地灌丛、林间溪边和田间地头。多在树洞、石缝或草堆中做窝。地面生活，善游泳。晨昏活动频繁。主要捕食蛇、蛙、鼠、蟹、鸟及各种软体动物和昆虫等。春季发情，夏季产仔，每胎产2~5仔。国内分布于云南、贵州、重庆、四川、广西、海南、广东、香港、江西、湖南、福建、台湾、浙江、江苏、安徽、湖北等地。国外分布于孟加拉国、不丹、柬埔寨、印度、老挝、马来西亚、缅甸、尼泊尔、泰国和越南。

獴科 Herpestidae
中国评估等级：近危（NT）
世界自然保护联盟（IUCN）评估等级：无危（LC）

兔狲
Otocolobus manul

大小似家猫。额部较宽，耳短而圆钝，两耳间距较大，全身被毛长而柔软，腹毛比背毛长约1倍，绒毛厚密。颊部具2条黑色细纹，体背呈棕灰色或沙黄色，腹部白色，尾部具6~8个黑色环纹。栖息于荒漠、半荒漠或戈壁沙漠地带，也在林中生活。在岩缝或石洞中筑巢。独栖。夜行性，晨昏活动频繁。主要以鼠类为食，也吃野兔、鸟及鸟卵等。多在春季发情，孕期约3个月，每胎产3~4仔。国内分布于内蒙古、陕西、宁夏、新疆、青海、西藏、四川等地。国外分布于阿富汗、阿塞拜疆、不丹、印度、伊朗、哈萨克斯坦、蒙古国、尼泊尔、巴基斯坦和俄罗斯。数量稀少。

猫科　Felidae
中国保护等级：Ⅱ级
中国评估等级：濒危（EN）
世界自然保护联盟（IUCN）评估等级：近危（NT）
濒危野生动植物种国际贸易公约（CITES）：附录Ⅱ

兔狲 *Otocolobus manul*

豹猫
Prionailurus bengalensis

体形较小的猫科动物，比家猫略大。通体棕黄色或淡棕黄色，全身布满大小不等的棕黑色或褐色斑点，头顶至肩部有4条棕黑色纵纹，尾具棕黑和灰白相间的斑点和半环。栖息于海拔3000 m以下的山地林区、林缘灌丛和村寨附近。巢穴多筑在近水处的洞穴或石缝中。独栖或雌雄同居。以夜间活动为主。主要以鼠类、蛙类、鳝鱼、蜥蜴和昆虫等小动物为食，也吃植物果实、嫩草、嫩叶。一般春夏季繁殖，5—6月产仔，每胎产2~4仔。分布较广，我国黑龙江、吉林、辽宁、内蒙古、河北、北京、天津、山东、河南、山西、陕西、甘肃、宁夏、青海、西藏、云南、四川、贵州、重庆、湖北、湖南、广西、海南、广东、香港、江西、福建、台湾、浙江、江苏、上海、安徽等地均有分布。国外分布于东亚、南亚和东南亚。

猫科　Felidae
中国评估等级：易危（VU）
世界自然保护联盟（IUCN）评估等级：无危（LC）
濒危野生动植物种国际贸易公约（CITES）：附录Ⅱ

猞猁
Lynx lynx

体形较大，身体粗壮，四肢较长，尾巴很短，脸颊部有长而下垂的毛，耳尖生有黑色的笔状簇毛。体毛为粉棕色或灰褐色，体侧遍布不太明显的淡褐色斑点。耐寒性极强。栖息于海拔3000 m以上的亚寒带针叶林、寒温带针阔混交林、高山裸岩地带或荒漠草原区。在岩缝、石洞或树洞内筑巢。独栖。多晨昏活动。机警敏捷，行动隐蔽，善于攀爬。主要以鼠类、野兔和鸟类为食，也捕食野猪、野羊等中型兽类。冬末春初交配，孕期约两个月，每胎产1~3仔。国内分布于黑龙江、吉林、辽宁、内蒙古、河北、山西、陕西、甘肃、新疆、青海、西藏、四川、云南等地。国外分布于欧洲和亚洲等一些国家和地区。数量稀少。

猫科　Felidae
中国保护等级：II 级
中国评估等级：濒危（EN）
世界自然保护联盟（IUCN）评估等级：无危（LC）
濒危野生动植物种国际贸易公约（CITES）：附录 II

金猫
Catopuma temminckii

体形较大的野猫。头部有明显白斑，两眼之间有两条白色条纹，额部可见镶有黑边的灰色纵纹，体毛的色型变异很大，主要有红棕色、麻黑色、体侧密布花斑的灰棕色和黑色等。为热带、亚热带林栖动物，栖息于海拔2000 m以下的山地常绿阔叶林和针阔混交林中。独栖。性凶猛，多夜行性。主要以啮齿类、鸟类和小型鹿类等为食。多在冬季发情，春季产仔，每胎产2~3仔，幼仔多产于树洞中。我国分布于西藏、云南、四川、重庆、贵州、甘肃、陕西、湖北、湖南、广西、广东、江西、福建、浙江、安徽等地。国外分布于孟加拉国、不丹、柬埔寨、印度、印度尼西亚、老挝、马来西亚、缅甸、尼泊尔、泰国和越南。数量甚少。

猫科　Felidae
中国保护等级：Ⅱ级
中国评估等级：极危（CR）
世界自然保护联盟（IUCN）评估等级：近危（NT）
濒危野生动植物种国际贸易公约（CITES）：附录Ⅰ

云豹

Neofelis nebulosa

中型猫科动物。外貌似豹而较小，四肢粗短。通体灰黄色，体侧具边缘黑色的不规则大型云斑，颈背有4条黑色纵纹，腹部和四肢内侧黄白色，杂有黑棕色斑，尾粗长，尾末段有数个不完整黑环。典型的林栖动物，栖息于海拔3000 m以下的热带、亚热带常绿阔叶林或针阔混交林中。夜行性。树栖性较强，也下地捕食，通常在树上守候猎物。主要以鹿类、野猪等草食动物为食，也吃鼠类和小鸟等。多在冬春发情，于春夏产仔，每胎产2~4仔，多为2仔。国内分布于西藏、云南、贵州、重庆、四川、甘肃、陕西、湖北、湖南、广东、江西、福建、浙江、安徽等地。国外分布于喜马拉雅山脉东段至中南半岛。数量稀少。

猫科 Felidae

中国保护等级：Ⅰ级

中国评估等级：极危（CR）

世界自然保护联盟（IUCN）评估等级：易危（VU）

濒危野生动植物种国际贸易公约（CITES）：附录Ⅰ

金钱豹

Panthera pardus

大型猫科动物。头大而圆，耳短而阔，颈部粗短，四肢短健。上体棕黄色，胸腹白色，通体散布大小不一的黑褐色斑点和铜钱状黑环。适应性极强，生活于海拔3500 m以下的山地森林、稀树灌丛和寒温带针叶林、热带雨林、亚热带常绿阔叶林等多种生境。巢穴多筑于浓密的树丛、灌丛和岩洞内。独栖。多在夜间活动。性情机警，行动敏捷，善爬树。以捕食野兔、野猪、雉鸡及各种小兽、小鸟为生，也猎杀鹿类等大中型有蹄类动物。冬末春初发情交配，孕期约3个月，每胎产2~4仔。国内分布于黑龙江、吉林、内蒙古、河北、北京、河南、山西、陕西、甘肃、宁夏、四川、西藏、云南、贵州、重庆、湖北、湖南、广西、广东、江西、福建、浙江、江苏、安徽等地。国外广泛分布于非洲、亚洲等一些国家和地区。数量少。

猫科　Felidae
中国保护等级：Ⅰ级
中国评估等级：濒危（EN）
世界自然保护联盟（IUCN）评估等级：易危（VU）
濒危野生动植物种国际贸易公约（CITES）：附录Ⅰ

金钱豹 *Panthera pardus*

东北虎 *Panthera tigris altaica*

孟加拉虎 *Panthera tigris tigris*

虎
Panthera tigris

体形最大的猫科动物，成年虎体重可达200 kg以上，头大而圆，四肢强健，尾粗长。全身浅黄色或棕黄色，满布黑色条纹，额部有数条较明显的黑色横纹。主要栖息于热带、亚热带的山地丛林。独栖。夜行性，晨昏活动频繁。具领域性，活动范围广。善游泳，但不会爬树。性情凶猛。主要捕食大中型哺乳动物，偶尔盗食家畜。发情期一般在春、秋两季，孕期约3个月，2~3年产1胎，每胎通常产2仔。在我国曾分布广泛，现仅见于黑龙江、吉林、广东、福建、江西、浙江、湖南、陕西、云南、西藏。在国外大部分原分布地已消失，现仍有分布的国家有孟加拉国、不丹、印度、印度尼西亚、老挝、马来西亚、缅甸、尼泊尔、俄罗斯和泰国。野生数量极稀少。

猫科　Felidae
中国保护等级：Ⅰ级
中国评估等级：极危（CR）
世界自然保护联盟（IUCN）评估等级：濒危（EN）
濒危野生动植物种国际贸易公约（CITES）：附录Ⅰ

东北虎 *Panthera tigris altaica*

孟加拉虎 *Panthera tigris tigris*

印支虎 *Panthera tigris corbetti*

雪豹
Panthera uncia

形似金钱豹而略小。身体细长，头小而圆，四肢较短，尾粗长且尾毛蓬松。体被毛长而密，呈灰白色，遍布不规则黑色斑点和环斑。典型的高寒种类。栖息于海拔3500 m以上的高山草甸、灌丛及针叶林区，常在雪线附近空旷多岩地带活动。巢穴设在高山岩洞中，巢区比较固定。雌雄同栖。夜行性，晨昏较活跃。性情凶猛，善奔跑和跳跃。主要以北山羊、岩羊、盘羊、高原兔等中小型草食动物为食，也捕食高原雉类及小型啮齿类动物。冬末春初发情交配，孕期约3个月，每胎产1~3仔。青藏高原和中亚高寒山区特产动物。在我国主要分布于新疆、内蒙古、青海、甘肃、四川、云南、西藏等地。国外分布于阿富汗、不丹、印度、哈萨克斯坦、吉尔吉斯斯坦、蒙古国、尼泊尔、巴基斯坦、俄罗斯、塔吉克斯坦和乌兹别克斯坦。数量极稀少。

猫科　Felidae
中国保护等级：Ⅰ级
中国评估等级：濒危（EN）
世界自然保护联盟（IUCN）评估等级：易危（VU）
濒危野生动植物种国际贸易公约（CITES）：附录Ⅰ

雪豹 *Panthera uncia*

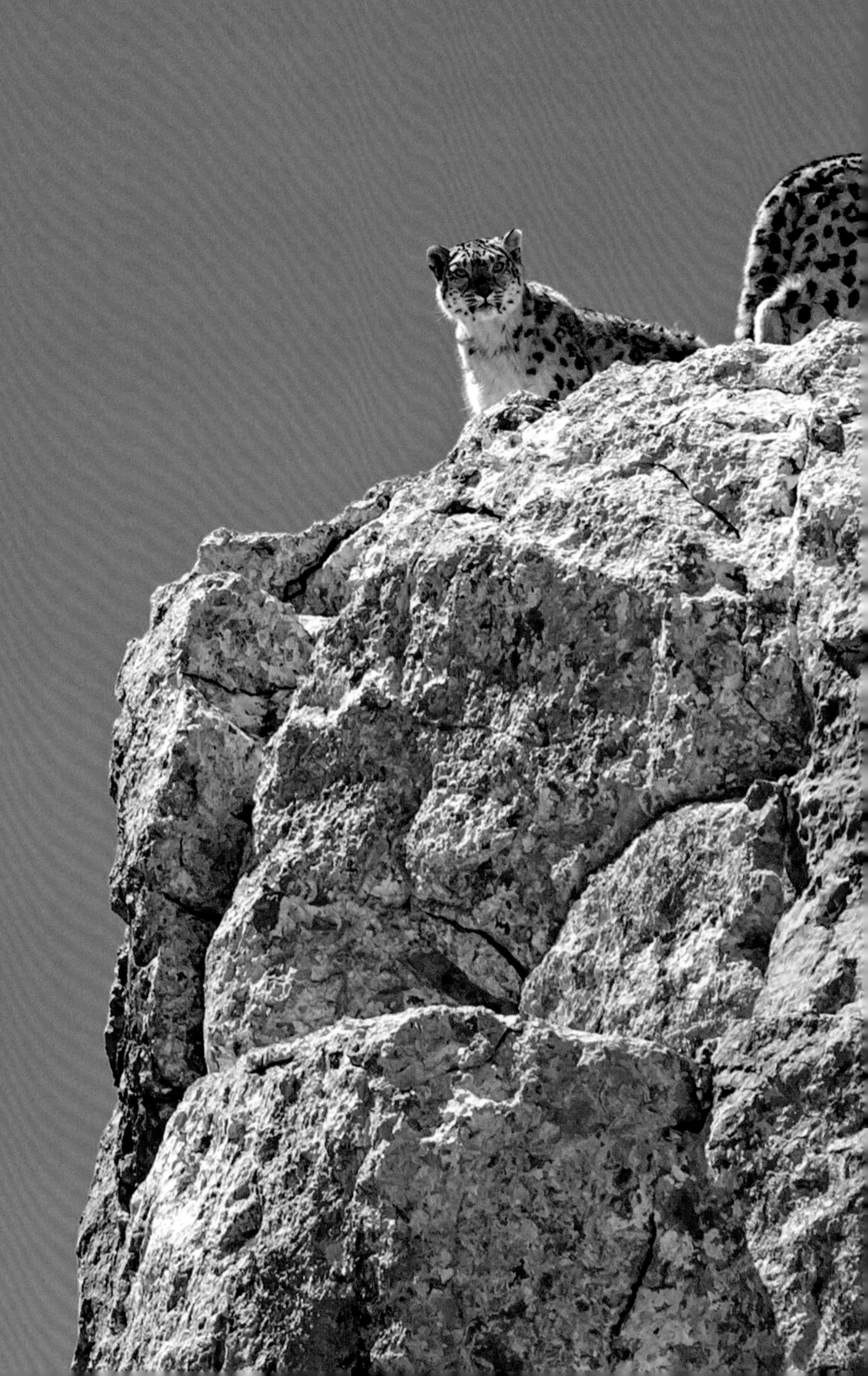

雪豹 *Panthera uncia*

长鼻目
PROBOSCIDEA

亚洲象
Elephas maximus

亚洲现存体形最大的陆生动物。眼小，耳大似扇，鼻长而粗大，末端鼻孔前缘有一指状突起，雄性具一对粗长而略向上翘的门齿，突出于口外，雌性门齿较短。四肢粗壮如柱，尾短小，皮厚、多皱，被毛短而稀疏，全身灰色或棕灰色。栖息于海拔700 m以下的热带、亚热带丛林。群栖，每群由几只至几十只组成。喜水浴，多晨昏活动。植食性，主要以竹笋、竹叶、野芭蕉以及青草、根茎等鲜嫩多汁的植物为食，偶食人类种植的水稻、甘蔗等农作物。繁殖能力低，5年左右才产1胎，每胎产1仔。为南亚和东南亚特有种，在我国分布区狭窄，仅分布于云南南部。国外见于孟加拉国、不丹、柬埔寨、印度、印度尼西亚、老挝、马来西亚、缅甸、尼泊尔、斯里兰卡、泰国和越南。数量稀少。

象科　Elephantidae
中国保护等级：Ⅰ级
中国评估等级：濒危（EN）
世界自然保护联盟（IUCN）评估等级：濒危（EN）
濒危野生动植物种国际贸易公约（CITES）：附录Ⅰ

亚洲象 *Elephas maximus*

亚洲象 *Elephas maximus*

亚洲象 *Elephas maximus*

奇蹄目
PERISSODACTYLA

藏野驴
Equus kiang

体形较大，头部短宽，耳较长。颈部鬃毛短而直立，黑褐色，体背毛色呈棕色或暗棕色，背中央自肩部至尾基有一条黑褐色脊纹，体侧以下为黄白色。典型的青藏高原种类，栖息于海拔2700~5200 m的高原草原、高寒荒漠草原和山地荒漠地带。对干旱、严寒具有极强的耐受力。昼行性。营群居生活。有短距离季节性迁移习性。以多种高山植物为食。夏末秋初交配，孕期约11个月，每胎产1仔，隔年繁殖一次。青藏高原特有种，国内分布于新疆、西藏、青海、甘肃和四川。国外见于印度、尼泊尔和巴基斯坦。

马科 Equidae
中国保护等级：Ⅰ级
中国评估等级：近危（NT）
世界自然保护联盟（IUCN）评估等级：无危（LC）
濒危野生动植物种国际贸易公约（CITES）：附录Ⅱ

藏野驴 *Equus kiang*

藏野驴 *Equus kiang*

藏野驴 *Equus kiang*

偶蹄目
ARTIODACTYLA

野猪
Sus scrofa

体貌似家猪，但吻鼻部尖长，面部狭长斜直，雄猪犬齿发达，成巨牙状，称“獠牙”。尾短小，四肢短健。体背黑褐色或赭黄色，腹部黄白色。属山地森林种类，栖息于常绿阔叶林、针阔混交林等多种林型的稀树杂草丛、灌木丛和山溪草丛。群居。多晨昏和夜间觅食。性凶暴，善奔跑和泅水。食性杂，以植物及农作物的根茎、野果、种子以及昆虫和动物尸体等为食。秋冬季发情，孕期约4个月，每年产1~2胎，每胎产4~5仔。国内分布于黑龙江、吉林、辽宁、内蒙古、北京、河南、山西、陕西、甘肃、宁夏、新疆、青海、西藏、云南、贵州、重庆、四川、湖北、湖南、广西、海南、广东、江西、福建、台湾、浙江、江苏、上海、安徽等地。国外分布于欧洲、亚洲等一些国家和地区。

猪科　Suidae
中国评估等级：无危（LC）
世界自然保护联盟（IUCN）评估等级：无危（LC）

小鼷鹿
Tragulus sp.

现生体形最小的有蹄类动物，成体比野兔略大。吻鼻部较尖长，雌雄均无角，尾短小，四肢纤细。体背、体侧赭褐色，喉、胸、腹、尾下及四肢内侧为白色，颈下侧有明显的白色条纹。典型的热带林栖动物，栖息于海拔1000 m以下的热带、亚热带森林及灌丛地带，尤喜在河岸、山溪附近林下植被茂密区活动。性孤独。多晨昏活动。以青草、嫩枝叶和野果等为食。全年都可繁殖，孕期约5个月，每胎产1~2仔。分布区域极为狭窄，仅见于云南南部。数量非常稀少。

鼷鹿科　Tragulidae
中国保护等级：Ⅰ级
中国评估等级：极危（CR）
世界自然保护联盟（IUCN）评估等级：数据缺乏（DD）

小鼷鹿 *Tragulus* sp.

林麝

Moschus berezovskii

体形小，头小吻短，耳长大，前肢短于后肢。成体毛色暗褐色，颈下侧具两条长的白色条纹。雄麝具香囊。典型的林栖种类，栖息于海拔3200 m以下的温带、亚热带阔叶林、针阔混交林或稀树灌丛。独栖。主要在晨昏活动。善攀爬、跳跃。以多种植物的嫩枝叶、幼芽等为食，尤其喜食苔藓和松萝。冬季发情，夏初产仔，每胎产1~2仔。国内主要分布于西藏、青海、甘肃、宁夏、陕西、河南、湖北、湖南、四川、贵州、重庆、云南、广西、广东等地。国外见于越南北部。

麝科　Moschidae

中国保护等级：Ⅰ级

中国评估等级：极危（CR）

世界自然保护联盟（IUCN）评估等级：濒危（EN）

濒危野生动植物种国际贸易公约（CITES）：附录Ⅱ

高山马麝

Moschus chrysogaster

麝属中体形最大。吻部狭长，耳大而尖，獠牙发达，尾短而粗。全身沙黄色或淡黄褐色，颈背中央有浅棕色斑点，颈下侧有黄棕色纵纹。雄麝具香囊。栖息于海拔3500~5000 m的针叶林、针阔混交林、林线以上的高山草甸、稀树灌丛及裸岩地带。独栖。晨昏活动。以灌木枝叶、青草为主要食物，冬季也吃地衣、落叶及枯草等。冬春交配，夏初产仔，每胎产1~2仔。青藏高原特有种，分布于西藏、云南、青海、四川、陕西、甘肃、宁夏、内蒙古、新疆等地。国外分布于不丹、印度和尼泊尔。数量稀少。

麝科　Moschidae
中国保护等级：Ⅰ级
中国评估等级：极危（CR）
世界自然保护联盟（IUCN）评估等级：濒危（EN）
濒危野生动植物种国际贸易公约（CITES）：附录Ⅱ

高山马麝 *Moschus chrysogaster*

高山马麝 *Moschus chrysogaster*

獐

Hydropotes inermis

小型鹿科动物。上犬齿发达，突出口外形成“獠牙”，两性头上均无角，有眶下腺，但无额腺，蹄宽大，尾短小而不显。体毛粗长而密，身体大部为棕黄色，胸、腹部淡黄色。栖息于河岸、湖边芦苇丛中以及丘陵山区的灌丛、茅草丛或矮树林中。独栖，晨昏活动。以植物嫩枝叶、芽及杂草等为食。冬季发情，孕期约半年，一般每胎产2仔，偶产3仔。为我国长江流域东部常见种类，现主要见于江苏、上海、安徽、浙江、江西、湖北、湖南、广西、广东等地。国外见于朝鲜和韩国。

鹿科 Cervidae
中国保护等级：Ⅱ级
中国评估等级：易危（VU）
世界自然保护联盟（IUCN）评估等级：易危（VU）

獐 *Hydropotes inermis*

毛冠鹿
Elaphodus cephalophus

外形似鹿。雄性角短，不分叉，上犬齿较长，尾较短，两性额顶部具硬而直立的簇状毛。全身被毛较粗硬，毛色大部灰褐色或暗褐色，腹部毛色浅淡。栖息于海拔1000~4000 m的热带、亚热带、温带山区阔叶林、针阔混交林、灌丛。独栖。多晨昏活动。以杂草、嫩枝叶、野果、竹笋等为食。冬春季繁殖，孕期约6个月，每胎产1仔。国内分布于甘肃、陕西、西藏、云南、四川、重庆、贵州、广西、广东、江西、福建、湖北、湖南、浙江、安徽等地。国外在原分布地缅甸或已从野外消失。数量不多。

鹿科　Cervidae
中国评估等级：易危（VU）
世界自然保护联盟（IUCN）评估等级：近危（NT）

小麂
Muntiacus reevesi

体形最小的麂子。四肢细短，身体圆胖。雄性具短小而分叉的角，具獠牙。两性均有额腺和眶下腺。毛色变异较大，体背多为棕黄色或暗褐色，腹部灰白色。栖息于海拔2000 m以下的亚热带低山丘陵多灌丛的地区，特别是林间或林缘灌丛。一般单独生活。晨昏活动频繁。主要以多种植物的嫩枝叶、幼芽、野果和青草等为食。冬季交配，孕期约6个月，每胎产1~2仔。我国特有种，分布于安徽、江苏、浙江、福建、台湾、江西、广东、广西、云南、贵州、重庆、四川、湖南、湖北、陕西、甘肃等地。

鹿科　Cervidae
中国评估等级：易危（VU）
世界自然保护联盟（IUCN）评估等级：无危（LC）

小麂 *Muntiacus reevesi*

赤麂

Muntiacus vaginalis

中型鹿类。雄性具长而向内后弯曲的两叉角，角柄特长，具獠牙。两性额腺和眶下腺发达。全身大部为赤红色或赭褐色，腹部毛色灰白。主要栖息于海拔3000 m以下的热带、亚热带山地阔叶林。独居或雌雄同居。昼夜均活动。主食嫩枝叶、野果、青草等。全年繁殖，每胎产1仔。我国西藏、云南、四川、重庆、贵州、广西、海南、广东、湖南等地有分布。国外分布于孟加拉国、不丹、柬埔寨、印度、老挝、缅甸、尼泊尔、巴基斯坦、斯里兰卡、泰国和越南。

鹿科 Cervidae
中国评估等级：近危（NT）
世界自然保护联盟（IUCN）评估等级：无危（LC）

豚鹿
Axis porcinus

体形中等，四肢较短。雄鹿具三叉角，分枝较为短小。体背、体侧淡褐色，杂有浅棕色毛尖，腹部及鼠蹊部灰白色，夏毛背脊两侧有纵行排列的灰白色斑点。典型的热带、亚热带种类。主要栖息于海拔1000 m以下的河谷芦苇沼泽区，很少进入山地森林活动。独居。夜行性。以芦苇的茎叶以及多种水草、青草等为食。冬春季繁殖，孕期7~8个月，一般每胎产1仔，偶产2仔。国内仅分布于云南西南部。国外见于孟加拉国、不丹、柬埔寨、印度、尼泊尔和巴基斯坦。数量极为稀少。

鹿科　Cervidae
中国保护等级：Ⅰ级
中国评估等级：极危（CR）
世界自然保护联盟（IUCN）评估等级：濒危（EN）
濒危野生动植物种国际贸易公约（CITES）：附录Ⅰ

豚鹿 *Axis porcinus*

水鹿
Rusa unicolor

体形粗壮高大。雄鹿具粗长的三叉角，眉枝与主干多成锐角。颈部有长而蓬松的鬣毛，自枕部至尾基有一条黑棕色脊纹，体毛较粗硬，黑棕色或栗棕色，尾部末端毛长而蓬松。栖息于海拔3500 m以下的热带、亚热带阔叶林和针阔混交林。多结小群活动。夜行性。嗜水，好泥浴或水浴。以多种植物的嫩枝叶、果实、树皮及青草为食，喜舔食盐硝塘。秋季发情，夏初产仔，每胎产1~2仔。国内分布于西藏、云南、贵州、四川、湖南、广西、广东、江西、海南、台湾等地。国外分布于南亚次大陆、中南半岛、大巽他群岛。

鹿科 Cervidae
中国保护等级：II级
中国评估等级：近危（NT）
世界自然保护联盟（IUCN）评估等级：易危（VU）

水鹿 *Rusa unicolor*

梅花鹿
Cervus nippon

体形中等，尾短。雄鹿有角，通常4叉，偶有5叉。夏毛短而疏，棕黄色或棕褐色，有鲜明的白色斑点，背中央具黑褐色脊纹；冬毛长而密，栗棕色，无显著白斑，脊纹棕色。栖息于温带、寒温带针阔混交林的林间草地、林缘耕作区及有草和灌丛的山丘。营群体生活。主要在晨昏活动。以多种鲜嫩青草和树叶、灌木、苔藓、野果等为食。秋季交配，妊娠期约220天，每胎产1仔。曾经分布广泛，国内现仅见于内蒙古、江西、安徽、浙江、四川、广西和海南等地。国外见于日本和俄罗斯。世界多国有引入的人工驯养群。

鹿科　Cervidae
中国保护等级：Ⅰ级
中国评估等级：极危（CR）
世界自然保护联盟（IUCN）评估等级：无危（LC）

梅花鹿 *Cervus nippon*

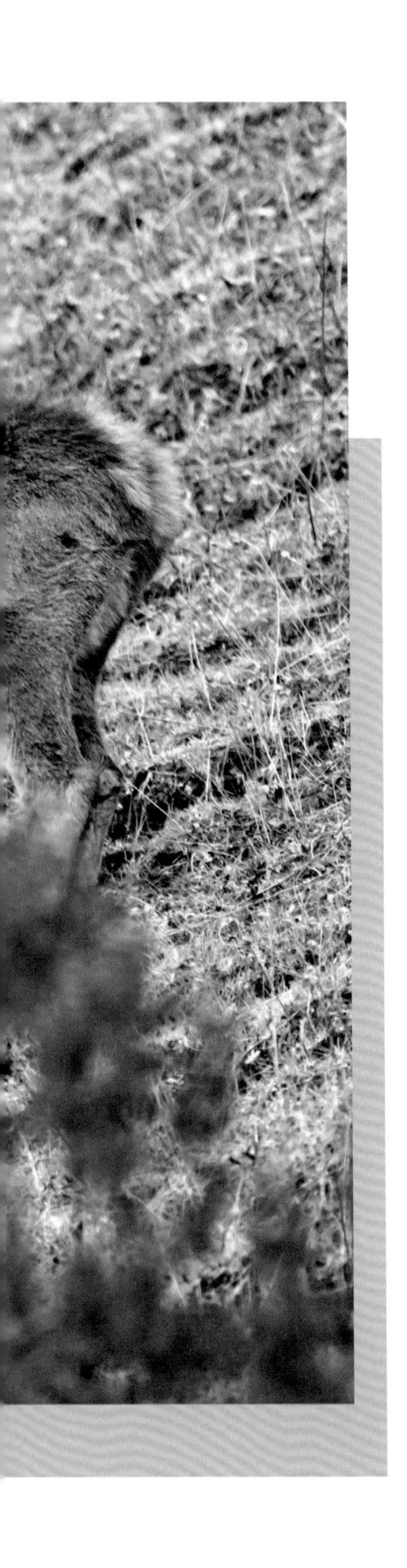

白唇鹿
Przewalskium albirostris

大型鹿科动物。四肢粗壮，尾短小。雄性具4~6叉角，呈扁圆状。唇部和下颌白色。被毛粗硬厚密，体背暗褐色，腹部及四肢内侧灰白色，臀部黄棕色。生活在高寒地区，活动于海拔3500~5000 m的高山荒漠草原、草甸、灌丛和山地森林。营群栖生活。晨昏活动和觅食。草食性，也取食灌丛的嫩枝叶，有舔食盐碱的习性。多在秋季交配，孕期约8个月，每胎产1~2仔。我国青藏高原特有种，分布于四川、西藏、青海、甘肃、云南。

鹿科 Cervidae
中国保护等级：Ⅰ级
中国评估等级：濒危（EN）
世界自然保护联盟（IUCN）评估等级：易危（VU）

白唇鹿 *Przewalskium albirostris*

白唇鹿 *Przewalskium albirostris*

白唇鹿 *Przewalskium albirostris*

白唇鹿 *Przewalskium albirostris*

印度野牛
Bos gaurus

体形硕大，成年印度野牛体重可达2 t，肩部显著隆起，四肢粗壮，尾细长。雌雄均有粗大而尖锐并斜向后弯曲的角。吻鼻宽大，唇周灰白色，体毛较短，呈棕褐色，额部白色，肘、膝部以下白色。典型的热带种类，栖息于海拔2000 m以下的热带、南亚热带原始常绿阔叶林、竹阔混交林和稀树草坡。群栖。昼行性，晨昏活动频繁。以草本植物为主食，也吃一些嫩枝叶、树芽、竹叶和竹笋等。具舔盐习性。主要在冬春季繁殖，孕期约9个月，每胎产1~2仔。国内仅分布于云南和西藏。国外分布于柬埔寨、老挝、缅甸、马来西亚、泰国和越南。数量稀少。

牛科 Bovidae
中国保护等级：Ⅰ级
中国评估等级：极危（CR）
世界自然保护联盟（IUCN）评估等级：易危（VU）
濒危野生动植物种国际贸易公约（CITES）：附录Ⅰ

大额牛
Bos frontalis

外貌与印度野牛十分相似，但体形较小。额部扁平宽阔，肩部略微隆起，四肢短健，尾相对较短，尾端毛长而蓬松。雌雄均具锥状并向两侧平伸的角。体色有较大变化，主要为灰褐色或棕褐色，有的个体额部呈淡棕色或灰白色，四肢下半段呈白色。为半野生牛种。栖息于林缘灌丛和草坡地带，很少进入浓密的大森林。以鲜嫩枝叶、竹叶和青草为食。具嗜盐习性。国内仅见于云南和西藏。国外分布于印度、不丹和尼泊尔。数量稀少。

牛科　Bovidae
中国评估等级：极危（CR）
世界自然保护联盟（IUCN）评估等级：易危（VU）

野牦牛
Bos mutus

体形大而粗壮，雄性个体明显大于雌性个体。雌雄均具有细长弯曲的角，两角间的距离较宽，肩部高耸，四肢粗短，蹄大而圆。头、体背和四肢下段被毛短而致密，体侧下部、肩部、胸腹部、腿部及尾部均被有下垂的长毛。除吻周略灰白色外，全身黑褐色。是世界上分布海拔最高的大型有蹄类动物，栖息在海拔4000~5000 m人迹罕至的高寒草甸、草原、荒漠和山间盆地等多种环境。生性耐寒。结群活动，多在夜间和清晨采食。以禾本科植物等高山寒漠植物及地衣为食。9—12月发情交配，孕期8~9个月，每胎产1仔。青藏高原特有种，国内现分布于西藏、青海、甘肃和新疆等地。国外见于印度。

牛科　Bovidae
中国保护等级：Ⅰ级
中国评估等级：易危（VU）
世界自然保护联盟（IUCN）评估等级：易危（VU）
濒危野生动植物种国际贸易公约（CITES）：附录Ⅰ

野牦牛 *Bos mutus*

藏原羚
Procapra picticaudata

体形较小，吻部宽短，四肢纤细，尾较短小，体毛直而粗硬。雄性具弯曲上翘的角。头、颈和体背棕灰色，腹部、四肢内侧和臀部及尾下白色，尾背褐色。典型的高山寒漠动物，栖息于海拔5000 m以下的高山草甸、草原及高山荒漠和山间峡谷。多结小群活动，冬季集群较大。性机警，行动敏捷，善于快速奔跑。晨昏活动。以禾本科、莎草科植物为食。每年冬季发情交配，孕期约6个月，每胎产1仔，偶产2仔。国内现分布于西藏、青海和新疆等地。国外有少量见于印度。

牛科 Bovidae
中国保护等级：II 级
中国评估等级：近危（NT）
世界自然保护联盟（IUCN）评估等级：近危（NT）

藏原羚 *Procapra picticaudata*

藏羚
Pantholops hodgsonii

体形较大，头宽而长，吻鼻部宽阔，四肢强健，尾短。雄性具直而细长的角，棱环明显。全身被毛厚密且柔软，背部和体侧淡棕褐色，喉、胸、腹、尾下和四肢内侧白色，雄性前额黑褐色。典型的高原动物，栖息于海拔2300~5500 m的高寒草甸、草原和荒漠草原等植被低矮的环境中。多在水源附近的平坦草滩或山麓缓坡活动。喜群居。多在晨昏活动。以草类及矮灌丛的嫩枝叶为食。一般在冬末春初发情交配，夏季产仔，每胎产1仔。青藏高原特有种，主要产于我国西藏、青海、新疆等地。

牛科　Bovidae
中国保护等级：Ⅰ级
中国评估等级：近危（NT）
世界自然保护联盟（IUCN）评估等级：近危（NT）
濒危野生动植物种国际贸易公约（CITES）：附录Ⅰ

藏羚 *Pantholops hodgsonii*

四川羚牛
Budorcas tibetanus

体大而粗壮，四肢强健，尾短。两性均具由上而后弯转扭曲的角。鼻面部隆起，呈黑色，颈部毛较绒长，全身灰褐色，背中具灰黑色脊纹。出没于高山、亚高山森林、灌丛或草甸，是典型的高山森林动物，主要栖息于海拔2000~3400 m的针阔混交林、针叶林。有季节性迁移现象。群栖，以枝叶、竹叶、青草及籽实等为食。夏季发情交配，孕期8~9个月，每胎产1仔，偶产2仔。我国特有种，仅分布于四川。

牛科　Bovidae
中国保护等级：Ⅰ级
中国评估等级：易危（VU）
世界自然保护联盟（IUCN）评估等级：易危（VU）
濒危野生动植物种国际贸易公约（CITES）：附录Ⅱ

四川羚牛 *Budorcas tibetanus*

贡山羚牛
Budorcas taxicolor

体大而粗壮，其外貌既似牛又像羊。吻鼻高宽，四肢强健，尾较短。雌雄均具角，角形独特：基部先向外侧再向上伸，接着向后弯转，然后角尖又向内扭曲。面部黑色，体毛呈黑褐色或棕褐色，体背中央有一条明显的暗黑色脊纹。典型的高山森林动物，主要栖息于海拔3000~4000 m的针叶林、针阔混交林及高山草甸。夏秋季可见于海拔较高的高山草甸或雪线附近，冬春季常下移至海拔较低的林区及河谷一带活动。性凶猛。结小群。多于晨昏活动。植食性，主要以树叶、嫩枝、嫩芽、竹叶、竹笋、青草或蕨类等为食。秋冬季交配，春末夏初产仔，每胎产1仔。中国特有种，分布于云南西北部。数量稀少。

牛科　Bovidae
中国保护等级：Ⅰ级
中国评估等级：易危（VU）
世界自然保护联盟（IUCN）评估等级：易危（VU）
濒危野生动植物种国际贸易公约（CITES）：附录Ⅱ

贡山羚牛 *Budorcas taxicolor*

赤斑羚
Naemorhedus baileyi

体形与山羊相似，四肢粗壮，蹄短而大。雌雄均具大小相等的黑色短角。全身棕红色，背中央有一条黑褐色的脊纹。典型的林栖动物，栖息于海拔2000~4500 m密林中的空旷地带或林缘多岩陡坡山地。成对或结小群活动。活动区域比较固定，有随季节做垂直迁移的习性。行动敏捷，善于在悬崖峭壁上奔跑、跳跃。晨昏外出觅食。主要以青草、松萝、地衣及嫩枝叶为食。多在冬季发情，孕期约6个月，每胎产1~2仔。在我国分布区非常狭窄，仅分布于西藏和云南。国外见于缅甸和印度。数量极少。

牛科　Bovidae
中国保护等级：Ⅰ级
中国评估等级：濒危（EN）
世界自然保护联盟（IUCN）评估等级：易危（VU）
濒危野生动植物种国际贸易公约（CITES）：附录Ⅰ

中华斑羚
Naemorhedus griseus

体形较小，四肢匀称，尾短，尾毛蓬松。雌雄均具短且向后上方倾斜的角，角尖尖细。喉部具白斑，全身为一致的灰褐色或暗褐色，颈背至尾基有一条棕褐色脊纹。典型的林栖种类，栖息于海拔3600 m以下的山地针叶林、针阔混交林、常绿阔叶林、河岸及高山密林中的多岩区。善于在悬崖上奔跑和跳跃。多成对或结小群生活。晨昏活动。以嫩枝、树叶、野果和各种青草为食。冬季交配，孕期约半年，每胎产1仔，偶产2仔。国内分布于四川、云南、贵州、重庆、陕西、甘肃、青海等地。国外分布于印度、缅甸、泰国和越南。

牛科 Bovidae
中国保护等级：II 级
中国评估等级：易危（VU）
世界自然保护联盟（IUCN）评估等级：易危（VU）
濒危野生动植物种国际贸易公约（CITES）：附录 I

中华斑羚 *Naemorhedus griseus*

亚种 *Pseudois nayaur schaeferi*

岩羊
Pseudois nayaur

大型野生羊类。雌雄都有角，雄羊角粗大而长，向两侧分开并向后上方弯曲，角上纵嵴从中部开始扭转到角尖外侧；雌羊角较短小。体背青灰褐色或褐黄灰色，体腹和四肢内侧白色，体侧及四肢前面具黑色纹。典型的高山动物，栖息于海拔4000~5500 m林线以上的高山裸岩区、山谷间草甸，很少进入林内。群居。晨昏活动。善在峭壁岩石间攀登跳跃。以高山矮草和各种灌木、枝叶为食。冬季发情，孕期5个月左右，通常每胎产1仔。青藏高原—横断山区特有种。国内分布于西藏、云南、四川、青海、陕西、甘肃、宁夏、内蒙古、新疆等地。国外分布于不丹、印度、缅甸、尼泊尔和巴基斯坦。亚种（*Pseudois nayaur schaeferi*）又称矮岩羊，体形较为矮小，为中国横断山区特有种，仅分布于四川、西藏。数量稀少。

牛科 Bovidae
中国保护等级：Ⅱ级
中国评估等级：无危（LC）
世界自然保护联盟（IUCN）评估等级：无危（LC）

岩羊 *Pseudois nayaur*

岩羊 *Pseudois nayaur*

岩羊 *Pseudois nayaur*

西藏盘羊
Ovis hodgsoni

体形较大，头大，颈粗，肩高，四肢较长。雌雄均有角，雄羊角粗大而弯曲，由头顶向下扭曲呈螺旋状，表面布满环棱；雌羊角短而细。被毛短而粗糙，体背灰棕色，体下部污白色，臀部有白斑。典型的山地动物，栖息于海拔3000~6000 m的高山裸岩地带或高寒草原、荒漠及高山草甸、灌丛等环境中。喜开阔、干燥的沙漠和草原。群居。有季节性迁徙习性。主要以草本植物为食，也食灌木嫩枝叶。多在冬季发情，孕期约5个月，每胎产1~2仔。仅分布于我国西藏。

牛科　Bovidae
中国保护等级：II 级
中国评估等级：近危（NT）
世界自然保护联盟（IUCN）评估等级：近危（NT）
濒危野生动植物种国际贸易公约（CITES）：附录 I

中华鬣羚
Capricornis milneedwardsii

体形中等，尾较短。两性均具平行后伸的圆形角，角端尖锐。体毛稀疏粗硬，躯体多棕黑色，颈背鬣毛长，呈黑褐色、灰白色或污黄色，背中有黑褐色脊纹，唇周灰白或污黄白色。属典型的林栖动物，主要栖息于海拔3000 m以下的针叶林、针阔混交林和常绿阔叶林多岩地带。独栖或成对生活。晨昏活动。以嫩枝叶、青草、野果等为食，尤喜食菌类。9—10月交配，孕期约8个月，每胎产1仔。我国分布于西藏、云南、四川、重庆、贵州、甘肃、陕西、湖北、湖南、广西、广东、江西、福建、浙江、安徽等地。国外分布于柬埔寨、老挝、缅甸、泰国和越南。

牛科　Bovidae
中国保护等级：Ⅱ级
中国评估等级：易危（VU）
世界自然保护联盟（IUCN）评估等级：近危（NT）
濒危野生动植物种国际贸易公约（CITES）：附录Ⅰ

啮齿目
RODENTIA

赤腹松鼠
Callosciurus erythraeus

身体细长，吻短，耳小而圆，尾长多短于体长，尾毛长而蓬松。体背橄榄黄色或橄榄褐色，腹面为栗红色、棕红色或暗栗色。栖息于热带、亚热带常绿阔叶林、次生灌丛中，也在果园及村寨附近的灌丛等处活动。昼行性，晨昏活动频繁。善跳跃，灵活敏捷。主要以野果、坚果及嫩枝叶为食，有时亦取食鸟卵、雏鸟及昆虫。春夏季繁殖，每胎产2~3仔。国内分布于西藏、云南、四川、贵州、重庆、湖北、广西、海南、广东、福建、台湾、浙江、江苏、安徽、河南等地。国外分布于孟加拉国、柬埔寨、印度、老挝、马来西亚、缅甸、泰国和越南。

松鼠科　Sciuridae
中国评估等级：无危（LC）
世界自然保护联盟（IUCN）评估等级：无危（LC）

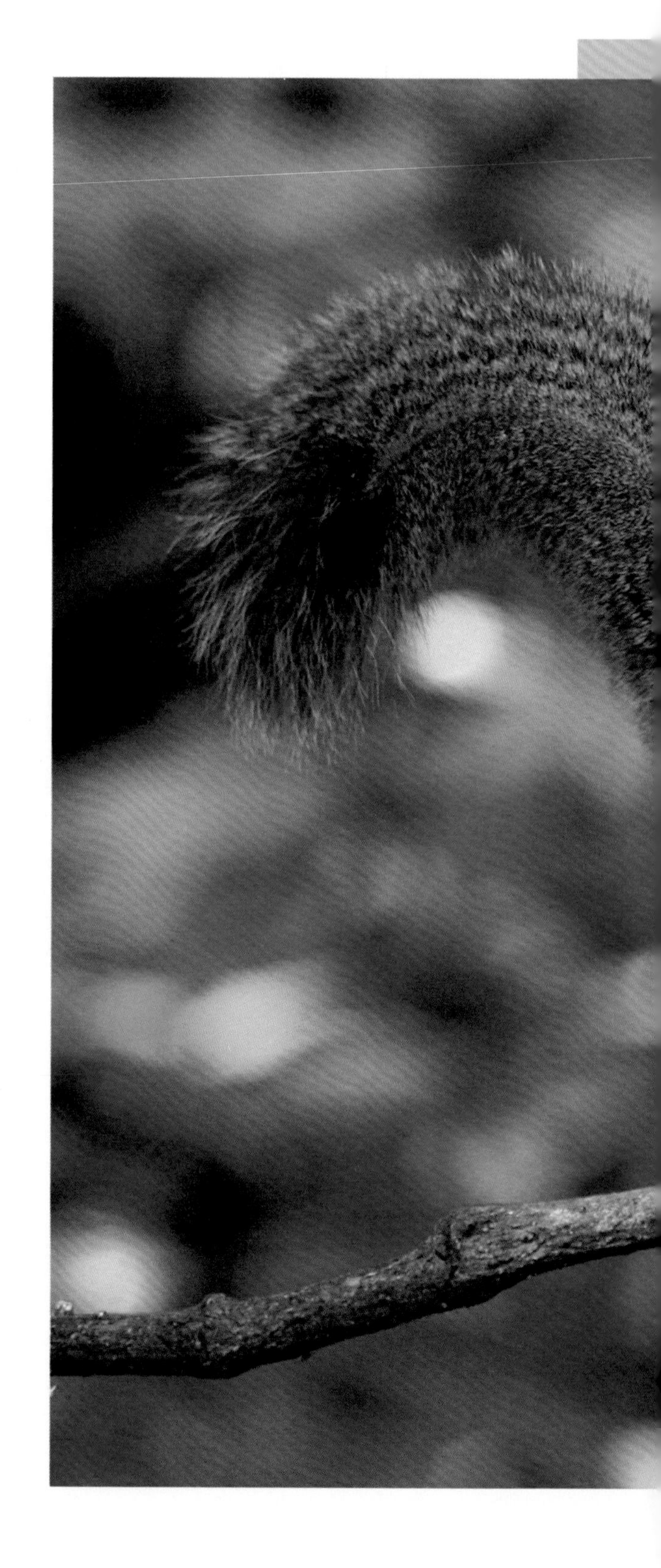

赤腹松鼠 *Callosciurus erythraeus*

赤腹松鼠 *Callosciurus erythraeus*

黄足松鼠
Callosciurus phayrei

体形略大于赤腹松鼠。吻短，尾长，尾毛蓬松。头部、体背、前后肢外侧及尾为淡灰褐色，颏部、体腹、四肢内侧及前后足橙黄色，尾腹中央有一条细浅黄色纹。栖息于海拔260~300 m的热带雨林和竹阔混交林内。晨昏活动较为频繁。以树栖为主，也到地面活动觅食。以各种植物的花、果、叶等为主要食物。分布区狭窄，国内仅分布于云南西部。国外见于缅甸。数量稀少。

松鼠科　Sciuridae
中国评估等级：无危（LC）
世界自然保护联盟（IUCN）评估等级：无危（LC）

五纹松鼠
Callosciurus quinquestriatus

体细长，吻较短，尾长短于体长。身体背部橄榄褐灰色，颏和喉部灰色，腹部3条黑纹和2条白纹相间，故有“五纹松鼠”之称。栖息于热带常绿阔叶林、次生灌丛，也见于村寨附近。树栖，也常下地活动。晨昏活动较频繁。食性较杂，以多种植物果实、嫩叶、树叶为食，也吃昆虫等小动物。分布区狭窄，国内仅分布于云南。国外见于缅甸。数量不多。

松鼠科　Sciuridae
中国评估等级：近危（NT）
世界自然保护联盟（IUCN）评估等级：近危（NT）

五纹松鼠 *Callosciurus quinquestriatus*

明纹花松鼠
Tamiops macclellandii

小型松鼠。耳端有簇状毛，尾长几乎等于体长或稍短。体背有3~5条暗色纵纹与4条浅色纵纹相间，中间3条暗色纹近黑色，最外侧浅色纹与眼下纹相连，腹部及四肢下侧乳黄白色。栖息于海拔260~1500 m的热带雨林、季雨林中。树栖，多在高大乔木上活动。单独或小群活动。昼行性，清晨活动较频繁。主要以树上的一些附生植物、果实、种子为食，也吃昆虫和鸟卵。在树洞或树上营巢。国内分布于云南、西藏。国外分布于不丹、柬埔寨、印度、老挝、马来西亚、缅甸、尼泊尔、泰国和越南。

松鼠科　Sciuridae
中国评估等级：无危（LC）
世界自然保护联盟（IUCN）评估等级：无危（LC）

明纹花松鼠 *Tamiops macclellandii*

明纹花松鼠 *Tamiops macclellandii*

隐纹花松鼠
Tamiops swinhoei

体形略大于明纹花松鼠，耳端亦具簇状毛，尾长短于体长。头、背部和臀部为橄榄灰黄色，背部有5条暗色纵纹和4条浅色纹相间，但最外侧浅色纹与眼下纹不相连，腹部淡黄白色。栖息于亚热带、温带山地常绿阔叶林、针叶林或灌丛。昼行性，晨昏较为活跃。喜成群活动。食物以植物嫩叶、果实为主，有时也吃昆虫。多在树洞、树干或岩缝中营巢。每年繁殖1胎，每胎产2~5仔。国内分布于西藏、云南、四川、湖北、陕西、甘肃、宁夏、山西、河南、河北、北京等地。国外见于缅甸和越南。

松鼠科　Sciuridae
中国评估等级：无危（LC）
世界自然保护联盟（IUCN）评估等级：无危（LC）

隐纹花松鼠 *Tamiops swinhoei*

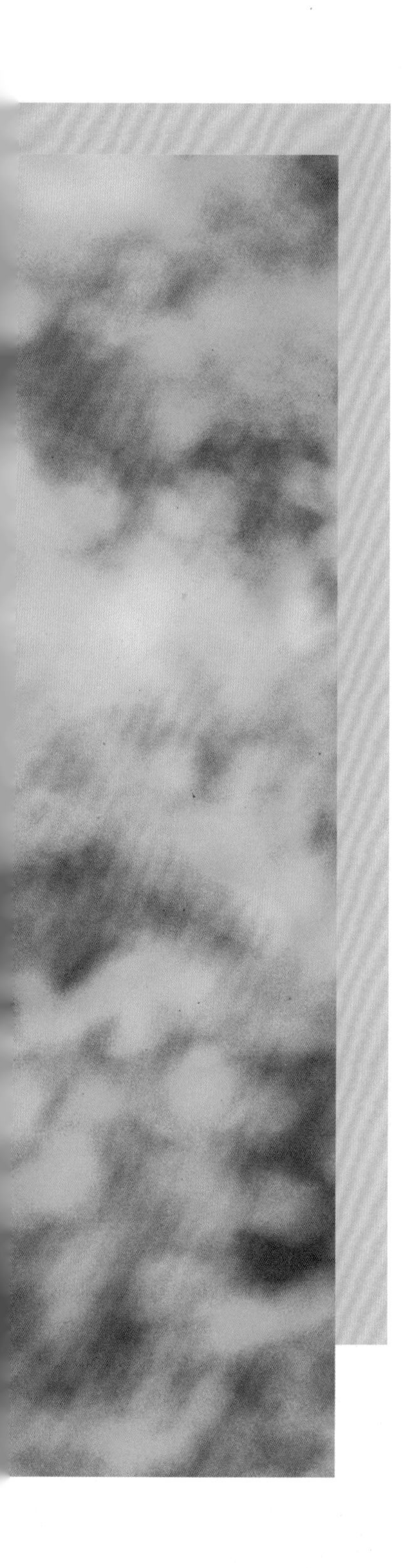

珀氏长吻松鼠

Dremomys pernyi

体形细长，吻部狭长，尾长不及体长，尾毛蓬松。眼周有赭黄色眼圈，上体及四肢外侧暗橄榄色，腹毛白色，尾基部下面锈红色。栖息于亚热带森林及灌丛。营树栖生活，多在山谷、河溪旁的树上或在林中倒木下活动。在树洞或树根下土洞中筑巢。晨昏活动频繁。以各种植物果实、嫩叶以及昆虫等为食。春夏季繁殖，每年产1~2胎，每胎产3~7仔。国内分布于西藏、云南、贵州、四川、重庆、甘肃、陕西、湖北、湖南、广西、广东、江西、福建、台湾、浙江、安徽等地。国外分布于印度、缅甸和越南。

松鼠科　Sciuridae

中国评估等级：无危（LC）

世界自然保护联盟（IUCN）评估等级：无危（LC）

珀氏长吻松鼠 *Dremomys pernyi*

红颊长吻松鼠
Dremomys rufigenis

体形瘦长，吻部尖而突出。上体及四肢外侧暗橄榄绿色，腹部及四肢内侧污白色或淡黄白色，两颊棕红色，尾下锈红色。栖息于海拔1000 m以下的亚热带森林中，喜在海拔较低的杂木林、河谷灌丛和森林边缘活动。在树洞或石缝中筑巢。营半树栖半地栖生活。善于攀缘、跳跃。白昼活动，尤以晨昏最为活跃。食性较杂，主要以各种植物果实、种子、嫩芽及昆虫等为食。冬末春初交配，通常每胎产2仔。国内分布于云南、广西。国外分布于印度、老挝、马来西亚、缅甸、泰国和越南。

松鼠科　Sciuridae
中国评估等级：无危（LC）
世界自然保护联盟（IUCN）评估等级：无危（LC）

红颊长吻松鼠 *Dremomys rufigenis*

巨松鼠
Ratufa bicolor

热带林栖松鼠中体形最大的，成年巨松鼠体重约2 kg。头部短圆，身体修长，四肢粗短，尾长超过体长，尾毛蓬松。体色背、腹分界明显，全身背部及四肢外侧为黑色，具有光泽，身体腹面和四肢内侧呈橘黄色。栖息于海拔500~2000 m的亚热带密林中。树栖动物，营巢于高大树上。多单独活动。行动敏捷，攀跳能力强。昼行性，清晨和傍晚较活跃。活动范围较广，并有一定的路线。以各种植物果实、嫩芽、花蕊等为食。每年繁殖1~2次，每胎产1~2仔。国内主要分布于西藏、云南、广西和海南。国外分布于孟加拉国、不丹、柬埔寨、印度、印度尼西亚、老挝、马来西亚、缅甸、尼泊尔、泰国和越南。数量稀少。

松鼠科　Sciuridae
中国保护等级：Ⅱ级
中国评估等级：易危（VU）
世界自然保护联盟（IUCN）评估等级：近危（NT）
濒危野生动植物种国际贸易公约（CITES）：附录Ⅱ

巨松鼠 *Ratufa bicolor*

巨松鼠 *Ratufa bicolor*

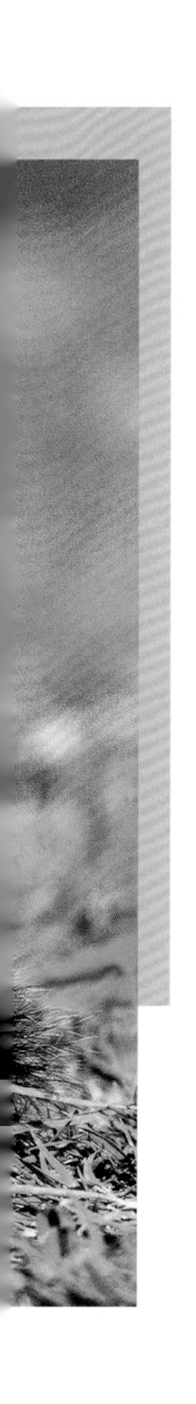

侧纹岩松鼠
Rupestes forresti

体形中等，尾长短于体长，吻鼻部狭长。喉部白色，身体背面暗棕褐色，体侧从肩至臀部有一条狭长白纹，腹部呈淡赤褐色，尾下赭黄色。主要栖息于山区稀树灌丛、丘陵或岩石多的地方。白昼活动。营地栖生活。巢多筑于岩石缝隙中。善于攀爬树木。行动敏捷。主要以坚果及种子为食。每年繁殖1~2胎。中国特有种，分布区狭窄，主要见于云南和四川等地。数量较少。

松鼠科 Sciuridae
中国评估等级：无危（LC）
世界自然保护联盟（IUCN）评估等级：无危（LC）

北花松鼠
Tamias sibiricus

小型松鼠。耳端无簇毛，吻部长。从吻部到耳下方有1条棕褐色纹，身体背面灰棕褐色，有5条黑色纵纹，中间1条自头顶延伸至尾基，腹面黄白色。栖息于针叶林、针阔混交林、阔叶林、灌丛，也见于山区农田附近。在树洞、石缝中筑巢或在地下掘洞穴居。白天活动。善攀缘。主要以各种植物果实、种子、嫩叶和昆虫为食。有冬眠及贮食越冬的习性。一般在春季繁殖，每年产1胎，每胎产4~8仔。国内分布于黑龙江、吉林、辽宁、内蒙古、河北、北京、天津、河南、山西、陕西、甘肃、宁夏、青海、新疆、四川等地。国外分布于日本、哈萨克斯坦、韩国、朝鲜、蒙古国和俄罗斯。

松鼠科　Sciuridae
中国评估等级：无危（LC）
世界自然保护联盟（IUCN）评估等级：无危（LC）

喜马拉雅旱獭
Marmota himalayana

我国体形最大的地栖类松鼠。身体粗壮，尾短而稍扁平，耳短圆，四肢粗短，趾爪发达。背部毛色棕黄，并具不明显的黑色细斑纹，腹部淡棕黄色。自鼻端至两耳前方之间具黑色斑。尾端黑褐色。典型的高山草甸、草原啮齿类。栖息于海拔3300~5000 m的高山草甸、草原及荒漠草原地带。穴居。营家族式群居生活。多在白天活动，清晨和傍晚较为活跃。10月至翌年3月为冬眠期。以植物种子、嫩枝叶以及草根、草茎等为食。春季繁殖，每胎产2~9仔。青藏高原特有种，国内分布于新疆、西藏、青海、甘肃、四川、云南等地。国外分布于印度、尼泊尔和巴基斯坦。

松鼠科　Sciuridae
中国评估等级：无危（LC）
世界自然保护联盟（IUCN）评估等级：无危（LC）

喜马拉雅旱獭 *Marmota himalayana*

毛耳飞鼠
Belomys pearsonii

体形较小。吻部较长。耳较小，耳基前后有一簇长毛。体毛厚密柔软，有光泽。背部毛红褐色或棕褐色，杂有灰黑色。体侧具黑棕色翼膜。体腹面为淡棕黄色或淡红褐色。尾毛蓬松，一般为栗褐色。栖息于海拔500~2400 m的热带及南亚热带原始森林中。以树洞为穴。夜行性。以多种植物的果实、嫩枝、树叶、花芽等为食。繁殖期为4—8月，每年产1胎，每胎产2~4仔。国内分布于云南、贵州、广西、海南、广东、台湾等地。国外分布于印度、不丹、尼泊尔、老挝、缅甸、泰国和越南。数量稀少。

松鼠科　Sciuridae
中国评估等级：无危（LC）
世界自然保护联盟（IUCN）评估等级：数据缺乏（DD）

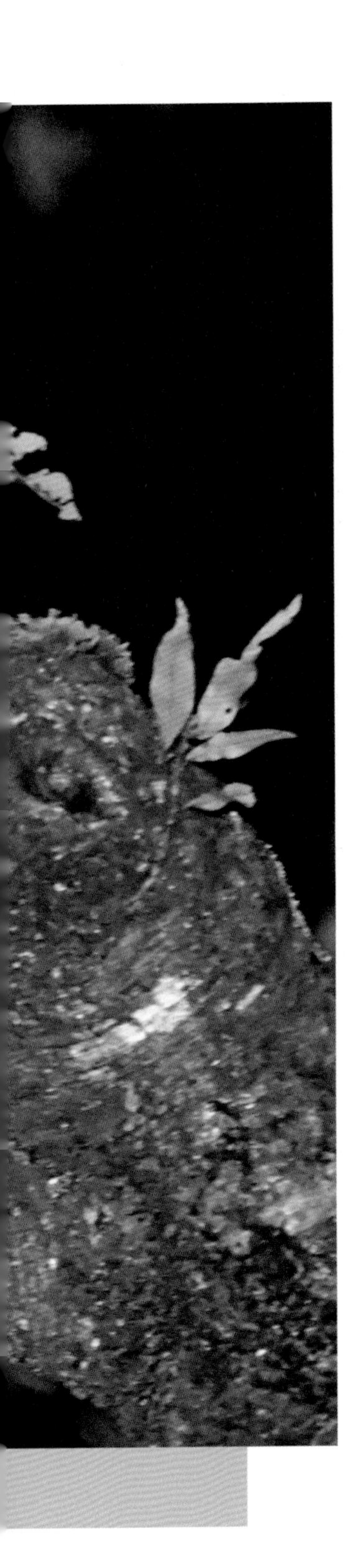

霜背大鼯鼠
Petaurista philippensis

体形较大，尾较长，被毛蓬松。头部、身体背面和翼膜以暗栗褐色为主，毛尖灰白色，似披上一层白色的霜，身体腹面、翼膜下面和四肢内侧棕黄色或淡棕褐色。典型的热带、亚热带森林种类，栖息于常绿阔叶林和针阔混交林。除繁殖期外多单独活动。善于从一棵树滑翔到另一棵树。筑巢于高大树冠中，白天隐蔽，傍晚开始活动觅食。主要以嫩叶、树皮、果实、昆虫等为食。每年产1胎，每胎产2~3仔。国内分布于云南、四川、贵州、广东、广西、陕西、海南和台湾等地。国外分布于孟加拉国、柬埔寨、印度、老挝、缅甸、斯里兰卡、泰国和越南。

松鼠科 Sciuridae
中国评估等级：无危（LC）
世界自然保护联盟（IUCN）评估等级：无危（LC）

褐家鼠
Rattus norvegicus

外形粗壮，耳较短，尾长不及体长。体背灰褐色或棕褐色，腹面灰白色。栖居于居民区住宅、粮仓、草堆、饲养场周围以及农田、果园等各种环境中。家族式群居。白天和夜晚均可活动，尤以晨昏活动最为频繁。善游泳和潜水。杂食性，以农作物种子、瓜果、蔬菜、肉类等为食，也捕食蛙类等小动物。繁殖力强，全年均可繁殖，每年可繁殖6~10胎，每胎产5~14仔。我国除青藏高原、新疆、横断山部分地区外，大部分地区均有分布。原产地为中国、日本和俄罗斯，但现几乎已传播到全世界。

鼠科　Muridae
中国评估等级：无危（LC）
世界自然保护联盟（IUCN）评估等级：无危（LC）

沙巴猪尾鼠
Typhlomys sp.

一种小型哺乳动物，因其眼睛小又被称为“盲鼠”。耳圆，被稀疏短毛，几乎裸露。体毛柔细，体背深鼠灰色，或灰色杂有闪烁白毛而呈现银灰色，腹面从下颏至肛门均为浅灰色，毛基黑灰色，毛梢白色。尾长超过体长，尾前段毛稀而被鳞片，后段有长而稀疏的毛，尾末段有白色长毛，似疏松毛刷。主要分布在热带、亚热带山地森林。栖息于高山林地中，可以在遭到干扰的森林边缘活动。主要取食植物的叶、茎、果实和种子。每胎产2~4仔。可能为隐存种。国内仅分布于云南。国外可能分布于越南。

刺山鼠科　Platacanthomyidae
中国评估等级：无危（LC）
世界自然保护联盟（IUCN）评估等级：数据缺乏（DD）

银星竹鼠
Rhizomys pruinosus

中型竹鼠。体形粗短，几成圆柱状，眼小，耳短圆，尾细长，仅在基部具稀疏短毛。体毛粗糙呈银灰色或灰褐色，背部和体侧密布具灰白色毛尖的长针毛，貌似蒙上了一层白霜。栖息于海拔400~1300 m的山区竹林、稀树草坡，在土质松软的地方掘洞筑窝。主要营地下生活，也到地面采食。以竹根、竹节、竹笋和芒草等植物的根、茎为食。春末至夏季繁殖，每胎产1~5仔。国内分布于云南、四川、重庆、贵州、湖南、广西、广东、江西、福建等地。国外分布于柬埔寨、印度、老挝、马来西亚、缅甸、泰国和越南。

鼹型鼠科 Spalacidae
中国评估等级：无危（LC）
世界自然保护联盟（IUCN）评估等级：无危（LC）

银星竹鼠 *Rhizomys pruinosus*

帚尾豪猪
Atherurus macrourus

体形较小而修长，四肢粗短，尾细长而圆。全身被有深褐色扁形短棘刺，刺间有污白色毛，腹面棘刺白色，尾基段和中段几乎裸露无毛，尾端具中空的污白色刷状硬棘。栖息于海拔2000 m以下的热带、亚热带森林、林缘灌丛或山地草坡。营家族式穴居生活。主要在夜间活动。听觉灵敏，行动缓慢。以植物的根、茎、果实及农作物为食。国内分布于云南、四川、贵州、重庆、湖北、广西、海南等地。国外分布于孟加拉国、老挝、马来西亚、缅甸、泰国和越南。数量稀少。

豪猪科　Hystricidae
中国评估等级：无危（LC）
世界自然保护联盟（IUCN）评估等级：无危（LC）

马来豪猪
Hystrix brachyura

中型豪猪，身体粗壮，眼小、耳短宽，四肢短粗。大部分体毛特化成棘刺，刺下残留稀疏软毛。全身黑色或黑褐色，枕部和颈背有向后弯曲的细长鬃毛，毛尖白色；从肩部至尾密布黑褐色与白色相间的粗长而坚硬的棘刺，颈侧至颏具一条白色细纹；尾极短，尾部棘刺顶端膨大。主要栖息于热带、亚热带的山坡、草地或密林中。穴居。白天隐藏在洞内，夜晚出来觅食，行动有一定路线。取食草根、嫩叶、果实以及农作物等。国内主要分布于云南。国外分布于孟加拉国、印度、印度尼西亚、老挝、马来西亚、缅甸、尼泊尔、泰国和越南。

豪猪科　Hystricidae
中国评估等级：无危（LC）
世界自然保护联盟（IUCN）评估等级：无危（LC）

中国豪猪
Hystrix hodgsoni

外貌与马来豪猪颇为相似。体背棕褐色，覆以暗褐色与污白色相间的粗长、中空的坚硬棘刺；腹部和四肢棘刺短细柔软，呈棕色。尾短，隐于棘刺下，末端尾毛特化成杯状结构，抖动时会发出沙沙响声。栖息于热带、亚热带山地森林和稀树草坡。穴居。营家族式群居生活。夜间活动。以植物根、嫩叶、野果和竹笋等为食，也盗食农作物。秋冬季交配，春夏季产仔，每年产1胎，每胎产2~4仔。国内分布于西藏、云南、贵州、四川、甘肃、陕西、广西、海南、广东、香港、湖南、江西、福建、浙江、上海、江苏、安徽、河南等地。

豪猪科　Hystricidae
中国评估等级：无危（LC）
世界自然保护联盟（IUCN）评估等级：无危（LC）

兔形目
LAGOMORPHA

高原鼠兔

Ochotona curzoniae

体形较小，身材浑圆。唇部四周及鼻端黑色，耳背黑褐色，身体背部灰褐色，腹部为污白色。栖息于海拔2400~5200 m的高山草甸、草原和高寒荒漠草原地带，常在植被稀疏的山麓缓坡及碎屑砾石山坡挖洞穴居。营群居生活。主要在白天活动。无冬眠期。以禾本科及豆科植物为食。4—7月繁殖，每年繁殖1~2胎，每胎产1~8仔。青藏高原特有种，国内主要分布于甘肃、青海、四川、西藏和新疆。国外分布于印度和尼泊尔。

鼠兔科 Ochotonidae

中国评估等级：无危（LC）

世界自然保护联盟（IUCN）评估等级：无危（LC）

高原鼠兔 *Ochotona curzoniae*

川西鼠兔
Ochotona gloveri

四肢短小，耳大而圆，尾极短，体毛浓密柔软。体背浅棕褐色或灰褐色，腹部、四肢灰白色，吻部呈橘黄色或棕黄色，耳背栗棕色，耳前基部具白色长毛。栖息于海拔3500~4200 m的高山草原、亚高山针叶林，常出没于灌木稀疏的石堆中或山地灌丛草甸的山坡岩壁上。多在石堆中营巢，穴居。白天活动。主要以野草为食。中国特有种，主要分布于青海、四川、西藏和云南。

鼠兔科 Ochotonidae
中国评估等级：无危（LC）
世界自然保护联盟（IUCN）评估等级：无危（LC）

川西鼠兔木里亚种
Ochotona gloveri muliense

仅分布于四川西部。数量极少。

大耳鼠兔
Ochotona macrotis

体形较大，外形粗壮，后肢稍长于前肢，耳郭圆大，耳内被毛长而密。颈、肩部有一淡黄色翎领斑，夏季身体背毛呈黄褐色，腹部灰白色，冬季毛色稍浅。典型的高山草原动物，栖息于海拔2400~6500 m的草原、草甸、荒漠及高山上的砾石堆和布满乱石的山谷。在草甸上挖洞或在石缝间筑巢。群栖生活。白天活动，以植物的嫩茎、幼芽和根以及草类和苔藓为食。有秋季贮草以备冬季食用的习性。不冬眠。繁殖期为4—10月，每年可繁殖2胎，每胎产4~7仔。国内分布于西藏、青海、云南、四川、甘肃、新疆等地。国外分布于阿富汗、不丹、印度、哈萨克斯坦、吉尔吉斯斯坦、尼泊尔、巴基斯坦和塔吉克斯坦。

鼠兔科 Ochotonidae
中国评估等级：无危（LC）
世界自然保护联盟（IUCN）评估等级：无危（LC）

藏鼠兔
Ochotona thibetana

体形中等大小，耳短而圆，后肢略长于前肢，尾极短，隐于被毛之内。耳背灰褐色，具白色边缘，体背毛色呈棕褐色或灰褐色，腹部毛色为暗黄褐色。栖息于海拔2400~4100 m的高山草甸、林缘草地、灌丛及草木植被发达的沟坡，常在草地、树根、乱石堆或岩石缝中做窝。昼夜活动，行动敏捷。以植物性食物为主，取食莎草科、禾本科等植物的茎、叶及苔藓等，兼食昆虫。5—10月为繁殖期，每年繁殖1~2胎，每胎产1~6仔。国内分布于青海、甘肃、四川和云南等地。国外见于印度和缅甸。

鼠兔科 Ochotonidae
中国评估等级：无危（LC）
世界自然保护联盟（IUCN）评估等级：无危（LC）

藏鼠兔 *Ochotona thibetana*

灰颈鼠兔
Ochotona forresti

体形中等。头、颈为浓锈褐色，吻周、颏喉部淡灰色，耳背黑色，耳缘灰白色，身体背部和腰臀部棕黑色，下体和四肢外侧锈棕褐色，四足背棕灰色。栖息于海拔2500~3000 m的针阔混交林或暗针叶林内，在树根或岩石缝中筑巢。以鲜嫩植物的茎叶、根和种子为食。繁殖期为5—7月，每胎产2~3仔。国内分布于云南西北部和西藏东南部。国外分布于缅甸西北部。数量稀少。

鼠兔科　Ochotonidae
中国评估等级：近危（NT）
世界自然保护联盟（IUCN）评估等级：无危（LC）

云南兔
Lepus comus

中型野兔。吻部粗短，额部宽阔，耳较长，被毛绒长厚密。体背毛色赭灰或浅棕褐，脊背多具零散黑纹，颏、喉部赭黄色，腹部和四肢内侧白色，尾背黑褐色，尾腹灰白色。主要栖息于海拔1000~2500 m的山地丘陵、林缘灌丛、稀树草坡和山区公路附近。穴居。全年成对活动。白天隐蔽在洞内，夜晚外出活动觅食。植食性，以青草、野菜、鲜嫩枝叶等为食，也常盗食农作物。4—9月繁殖，每年产1~3胎，每胎产2~6仔。国内分布于云南、贵州、四川等地。国外见于缅甸。

兔科　Leporidae
中国评估等级：近危（NT）
世界自然保护联盟（IUCN）评估等级：无危（LC）

灰尾兔
Lepus oiostolus

大型兔类。耳大，吻部细长。体毛长而蓬松，背毛沙褐色，背中央色深，臀部银灰色，腹部纯白色，尾白色，尾背具暗灰色斑。栖息于海拔2100~5200 m的高山草甸、草原、森林、林缘、稀疏灌丛等生境。无固定巢。昼夜活动，晨昏活动更为频繁。主要以草本植物、灌木的枝叶为食。繁殖期4—8月，每年繁殖2~4胎，每胎产4~6仔。青藏高原特有种，国内分布于西藏、青海、云南、四川、甘肃、新疆等地。国外分布于印度和尼泊尔。

兔科　Leporidae
中国评估等级：无危（LC）
世界自然保护联盟（IUCN）评估等级：无危（LC）

主要参考资料

【01】IUCN. The IUCN Red List of Threatened Species. Version 2018-2. <http://www.iucnredlist.org>. 2019.

【02】陈效一. 中国保护动物图谱. 中国环境科学出版社, 2004.

【03】蒋志刚, 江建平等. 中国脊椎动物红色名录. 生物多样性, 2016, 24: 500-551.

【04】蒋志刚, 马勇等. 中国哺乳动物多样性. 生物多样性, 2015, 23(3): 351-364.

【05】蒋志刚, 刘少英等. 中国哺乳动物多样性(第2版). 生物多样性, 2017, 25 (8): 886-895.

【06】马世来, 马晓峰, 石文英. 中国兽类踪迹指南. 中国林业出版社, 2001.

【07】潘清华, 王应祥, 岩崑. 中国哺乳动物彩色图鉴. 中国林业出版社, 2007.

【08】盛和林, 大泰司纪之, 陆厚基. 中国野生哺乳动物. 中国林业出版社, 1999.

【09】汪松主编. 中国濒危动物红皮书・兽类. 科学出版社, 1998.

学名索引

A

B

C

D

E

H

L

M

N

O

P

R

S

T

U

V

照片摄影者索引

（按姓氏拼音排列）

赵　超：P.122，P.123
朱建国：内封，P.47，P.69（上），P.71（右），P.95（上），P.110，P.111（上、下），P.132，P.133，P.147，P.151，P.154（左），P.158，P.161，P.165，P.166-167，P.186，P.187，P.194，P.195，P.196，P.200，P.201，P.224-225，P.228，P.271，P.275，P.280，P.281，P.282，P.283（下），P.284-285，P.288-289，P.291（左、右），P.330，P.331，P.386，P.396，P.397，P.408，P.409
左凌仁：P.177，P.272-273，P.278-279，P.298-299，P.416，P.417

后 记

本卷收录介绍了分布在我国大西南地区西藏、云南、四川、重庆、贵州、广西六省（直辖市、自治区）的哺乳动物115种及其原生态照片数百幅。每个物种依次列出了其所属目、科、种的中文名和学名，少数还列出了亚种名。每个物种的介绍包括物种保护等级，物种濒危等级，物种体形或大小、主要形态识别特征，重要生物学或生态习性，地理分布介绍包括国内分布和/或国外分布，种群现状等；本卷最后还附有主要参考文献、学名索引和图片摄影者索引。

本卷主要参考蒋志刚等（2017）发表的《中国哺乳动物多样性·第2版》，以及近年来发表的其他有关科学文献为依据确定分类系统和物种分类，反映了我国哺乳动物研究的最新研究成果。本书编写过程中，记录了分布于中国的哺乳动物13目56科251属698种；其中有12目43科176属452种分布在西南6省（直辖市、自治区），依次分别占全国的92%、77%、70%和65%。西南各地已知的哺乳动物种类分别为云南省313种、四川省235种、西藏自治区183种、贵州省153种、广西壮族自治区151种、重庆市109种。本卷记录了11目30科76属115种，其中灵长目有22种；反映了此区域哺乳动物的丰富性和重要性。

本卷物种标注的国内外保护或濒危等级的依据和含义如下：

1.中国保护等级依据国务院1988年批准，林业部和农业部1989年发布施行的《国家重点保护野生动物名录》及其2003年的修订内容；并根据近年来的研究新进展，对少数物种名称进行了修订。

2.本书分别列出了物种濒危状况的全球评估等级和中国评估等级，全球评估等级引自世界自然保护联盟（IUCN）发布的“受威胁物种红色名录”（Red List of Threatened Species, Ver. 2018），中国评估等级引自蒋志刚等2016年发表的“中国脊椎动物红色名录”；不同等级的具体含义为:

灭绝（EX）：如果一个物种的最后一只个体已经死亡，则该物种“灭绝”。

野外灭绝（EW）：如果一个物种的所有个体仅生活在人工养殖状态下，则该物种“野外灭绝”。

地区灭绝（RE）：如果一个物种在某个区域内的最后一只个体已经死亡，则该物种已经“地区灭绝”。

极危（CR）、濒危（EN）和易危（VU）：这三个等级统称为受威胁等级（Threatened categories）；从极危（CR）、濒危（EN）到易危（VU），物种灭绝的风险依次降低。

近危（NT）：当一物种未达到极危、濒危或易危标准，但在未来一段时间内，接近符合或可能符合受威胁等级，则该物种为“近危”。

无危（LC）：当某一物种评估为未达到极危、濒危、易危或近危标准，则该种为“无危”。广泛分布和个体数量多的物种都属于此等级。

数据缺乏（DD）：当缺乏足够的信息对某一物种的灭绝风险进行评估时，则该物种属于“数据缺乏”。

3.物种在濒危野生动植物种国际贸易公约中所属附录的情况，引自中华人民共和国濒危物种进出口管理办公室、中华人民共和国濒危物种科学委员会2016年编印的《濒危野生动植物种国际贸易公约附录I、附录II和附录III》，不同附录的具体含义为：

附录I：为受到和可能受到贸易影响而有灭绝危险的物种，禁止国际性交易；

附录II：为目前虽未濒临灭绝，但如对其贸易不严加管理，就可能变成有灭绝危险的物种；

附录III：为成员国认为属其管辖范围内，应该进行管理以防止或限制开发利用，而需要其他成员国合作控制的物种。

感谢一个多世纪以来，先后在我国大西南地区开展哺乳动物相关研究的科学家们，他们研究成果的积累是本书的基础，在“主要参考资料”列出了主要的参考或引用的专著或论文，但显然不是全部。感谢向本卷提供摄影作品的作者们！他们中有的是专业研究人员，有的是从自然爱好者或摄影爱好者中成长为自然博物学家。为了将野生动物最美的一刻呈现给世人，他们潜心研究了解其秉性，或让动物适应自己的存在，甚至与动物交上了朋友；本卷许多照片是作者在极端地形或极端天气下长期或长时间跟踪野生动物，或登高攀缘，或爬冰卧雪，或风里、雨里、水里摸爬滚打，历经艰险，甚至冒着生命危险，才抓拍到的精彩瞬间。感谢北京出版集团刘可先生、杨晓瑞女士、王斐女士和曹昌硕先生等对本书从创意到编辑出版所付出的辛勤劳动。

鉴于作者水平有限，书中的错漏在所难免，欢迎广大读者予以批评和指正。

2019年9月于昆明